mofusand

学習ドリル

たしざん ひきざん

1年

このドリルについて

1. 適度な問題量で続けられる！

1 10までの かず①
7 いくつと いくつ③
12 ちがいは いくつ①

取り組みやすいように
1ページずつの
構成になっています。
適度な問題数で、
無理なく学習を
進められます。

2. 答え合わせをしよう！

1ページを解き終えたら、
答え合わせをしてください。
答えが合っていたら
ほめてあげましょう。
まちがえた問題は、
巻末のアドバイスを参考に、
説明をしてあげてください。

こたえ と アドバイス
こたえ と アドバイス

3. シールを貼ってやる気アップ！

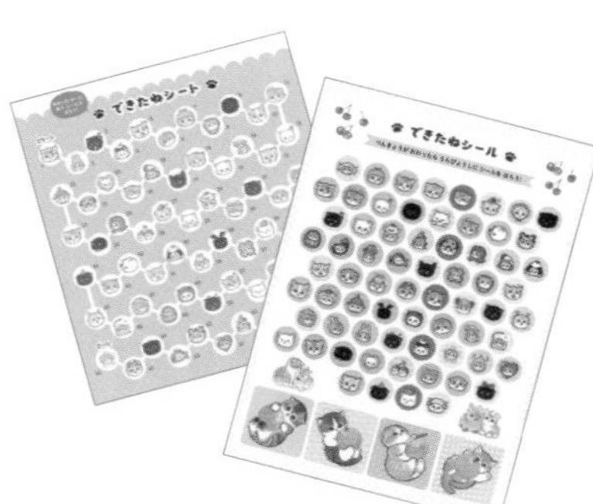
できたねシート
できたねシール

答え合わせが終わったら、
終わった問題の回のシールを
選んで、裏表紙のシートに
貼りましょう。
お子さんと一緒に、シートの
絵柄と同じシールを探して
貼るのも楽しいです。

1 10までの かず①

1 かずを　かきましょう。

1つ20てん（100てん）

いち

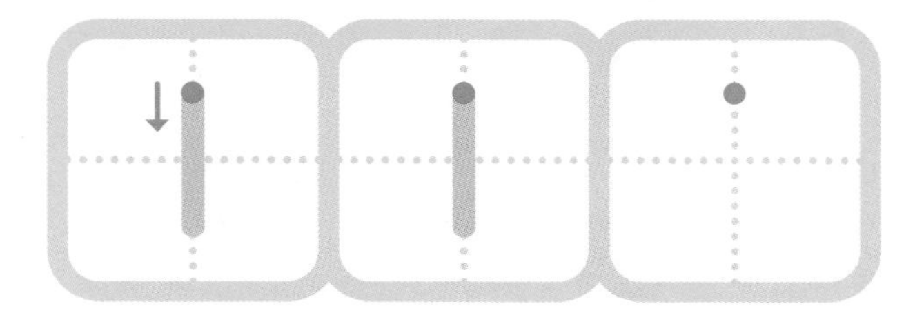

に

さん

し（よん）

ご

2 10までの かず②

1 かずを　かきましょう。

1つ20てん（100てん）

ろく

しち（なな）

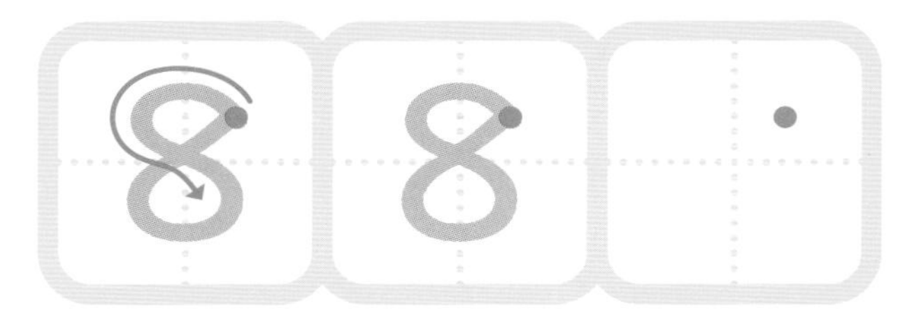

はち

く（きゅう）

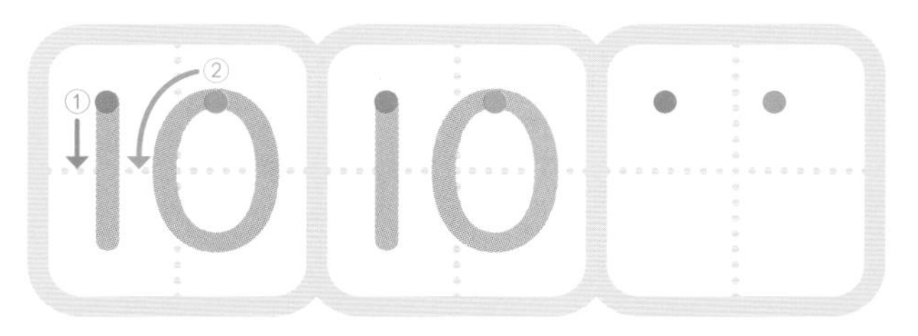

じゅう

3 10までの かず③

1 えの かずを かぞえて すうじを かきましょう。

1つ16てん（64てん）

① 

②   

③  

④  

2 えの かずと おなじ すうじを せんで むすびましょう。

1つ12てん（36てん）

4　10までの　かず④

1　おおきい　かずの　ほうに　○を　つけましょう。

1つ16てん（64てん）

①
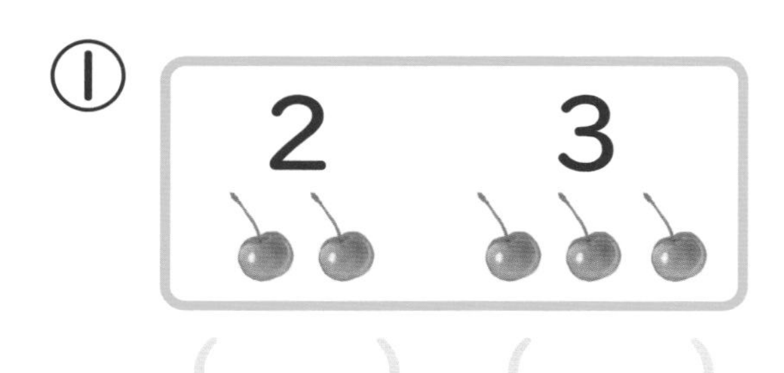

（　）（　）

②
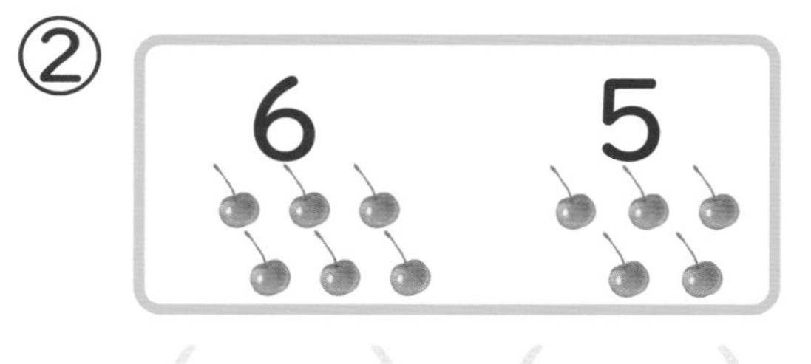

（　）（　）

③
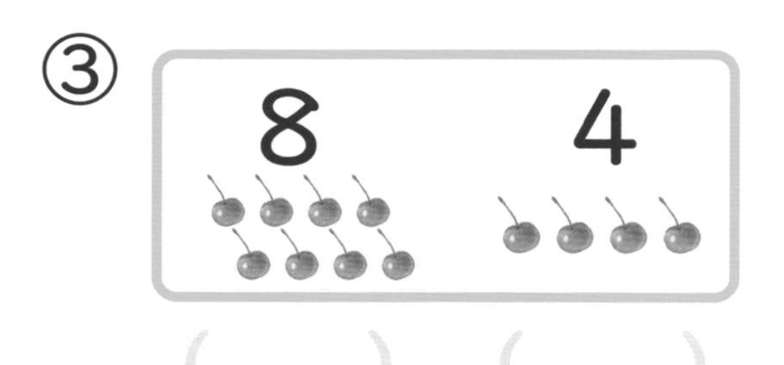

（　）（　）

④
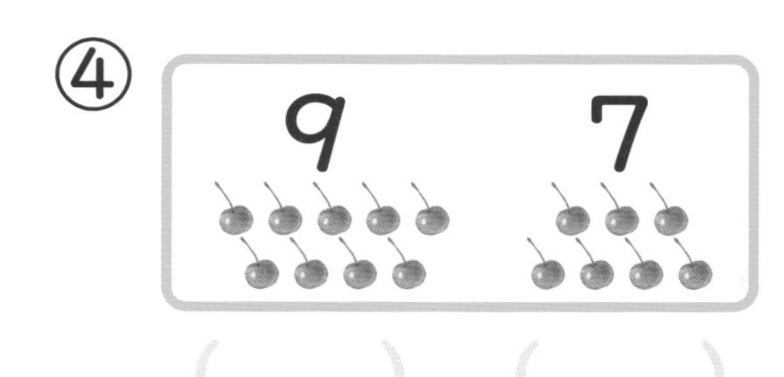

（　）（　）

2　□の　なかに　ある　プリンの　かずを　かきましょう。　ひとつも　ない　ときは　**0**（れい）と　かきます。

1つ12てん（36てん）

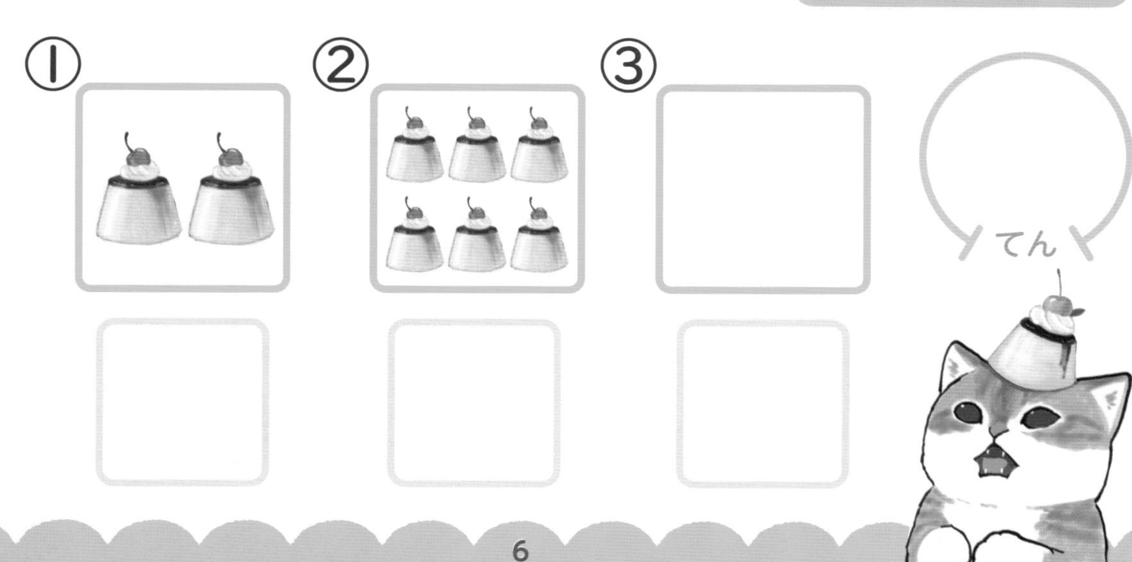

5 いくつと いくつ①

1 クッキーが ぜんぶで **5**こ あります。なんこと なんこに わけられますか。

1つ10てん（40てん）

2 **5**は いくつと いくつに わけられますか。

1つ15てん（60てん）

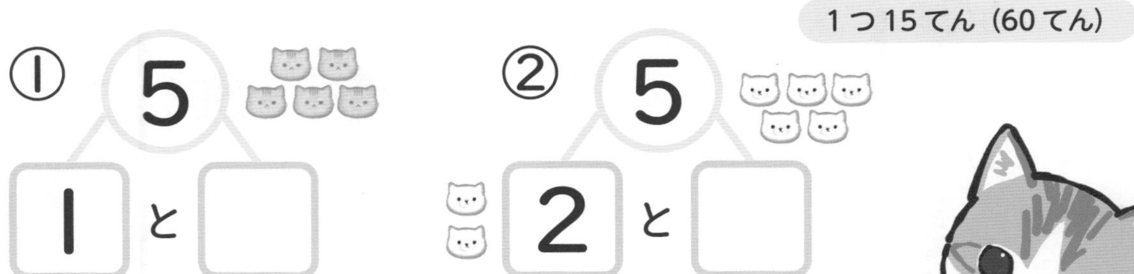

1 と が あわせて **6**こに なるように せんで むすびましょう。

1つ10てん（40てん）

①  ● ● 

②  ● ● 

③  ● ● 

④  ● ● 

2 **7**に なるように □ に かずを かきましょう。

1つ15てん（60てん）

① 1 と □

② 3 と □

③ 4 と □

④ 5 と □

7 いくつと いくつ③

1 いちごが ぜんぶで **8**こ あります。なんこと なんこに わけられますか。

1つ14てん（70てん）

① 1 こと □ こ

② 3 こと □ こ

③ 4 こと □ こ

④ 5 こと □ こ

⑤ 6 こと □ こ

2 あと なんこで **9**こに なりますか。

1つ15てん（30てん）

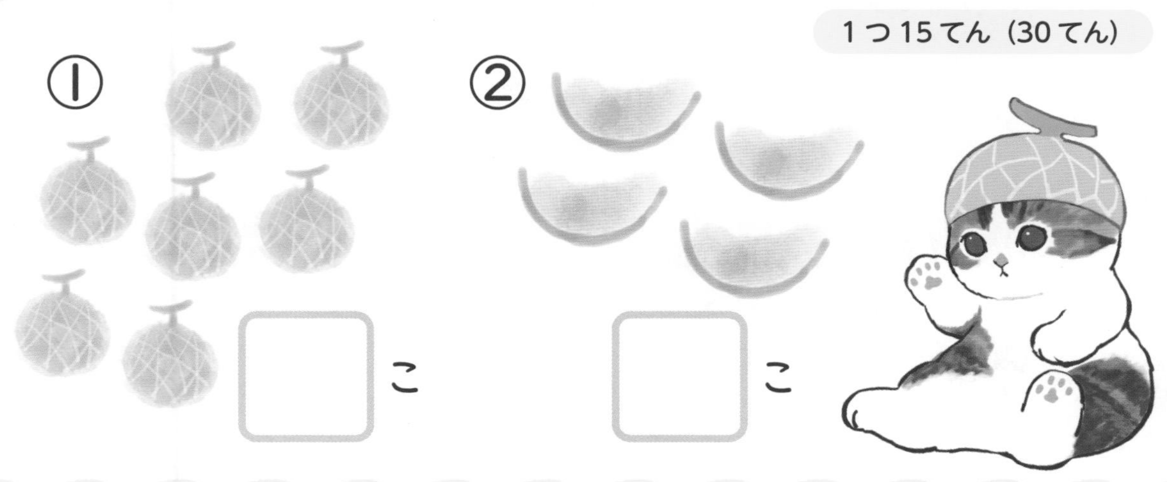

① □ こ

② □ こ

8 いくつと いくつ④

1 ぜんぶで **10** この かんづめが あります。 にゃんこが かくしているのは なんこですか。

1つ12てん（36てん）

2 **10**は いくつと いくつに わけられますか。

1つ16てん（64てん）

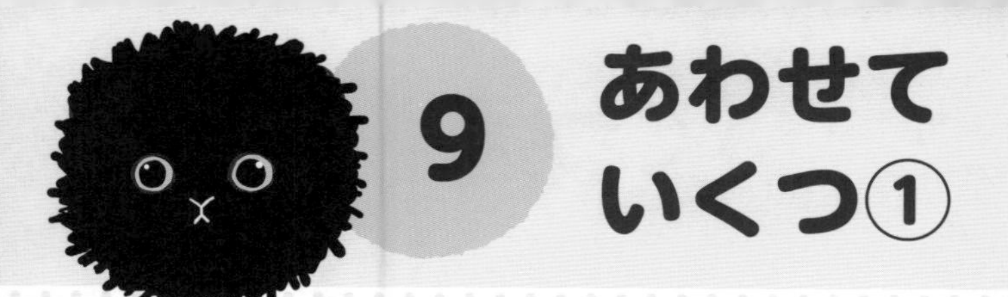

9 あわせて いくつ①

1 くろねこが 2ひき、しろねこが 1ぴき います。みんなで なんびきですか。えを みて □ に かずを かきましょう。

1つ20てん（40てん）

あわせると

くろねこ [2] ひき　しろねこ [ ] ぴき　みんなで [ ] びき

このことを しき 2＋1＝3 と かきます。

2 5＋2の しきに なる えは どちらですか。

15てん

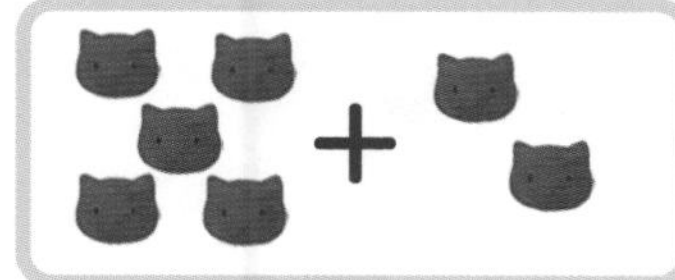 （　）

 （　）

3 おさらに ある だんごの かずは 3＋0（れい）の しきに なります。おさらの うえに だんごを ○（まる）で かきましょう。

1つ15てん（45てん）

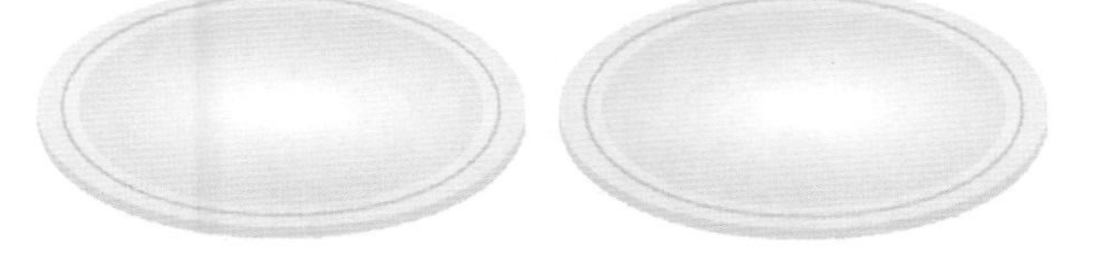

こたえも かこう

しき [3] ＋ [0] ＝ [ ]

10 あわせて　いくつ②

1　たしざんを　しましょう。　1つ7てん（84てん）

① 1 ＋ 2 ＝ □

にゃんこクッキーの　かずで
かんがえてみよう！

② 4 ＋ 0 ＝ □

③ 1 ＋ 5 ＝ □

④ 5 ＋ 5 ＝ □

⑤ 0 ＋ 1 ＝ □

⑥ 5 ＋ 4 ＝ □

⑦ 1 ＋ 3 ＝ □

⑧ 5 ＋ 0 ＝ □

⑨ 9 ＋ 1 ＝ □

⑩ 4 ＋ 6 ＝ □

⑪ 0 ＋ 7 ＝ □

⑫ 1 ＋ 4 ＝ □

2　こたえが　6に　なる　たしざんの　しきを　つくりましょう。　（16てん）

□ ＋ □ ＝

てん

11 あわせて いくつ③

1 たしざんを　しましょう。　1つ10てん（60てん）

① 1 ＋ 8 ＝ □

② 3 ＋ 3 ＝ □

③ 7 ＋ 3 ＝ □

④ 0 ＋ 0 ＝ □

⑤ 4 ＋ 4 ＝ □

⑥ 3 ＋ 2 ＝ □

2 うたを　うたう　にゃんこが　2ひき、
ギターを　ひく　にゃんこが　3びき　います。
みんなで　なんびきですか。　しき20てん・こたえ20てん（40てん）

しき	こたえ

12 あわせて いくつ④

1 たしざんを しましょう。 1つ7てん（84てん）

① 6 ＋ 2 ＝ □

② 6 ＋ 4 ＝ □

③ 7 ＋ 0 ＝ □

④ 4 ＋ 5 ＝ □

⑤ 2 ＋ 0 ＝ □

⑥ 1 ＋ 9 ＝ □

⑦ 3 ＋ 1 ＝ □

⑧ 0 ＋ 3 ＝ □

⑨ 2 ＋ 5 ＝ □

⑩ 5 ＋ 1 ＝ □

⑪ 0 ＋ 9 ＝ □

⑫ 1 ＋ 0 ＝ □

2 こたえが 7に なる たしざんの しきを つくりましょう。

（16てん）

しき

さんすう　クイズ①
せが　たかいのは　だれ？

えびにゃんたちが　せの　たかさを　くらべます。
いちばん　せが　たかいのは
どの　えびにゃん　かな？

ヒント（ひんと）
えびにゃんの　うしろの　せんは
それぞれ　いくつぶんかな。

いちばん　せの　たかい
えびにゃんは

ばんごう

13 ふえると　いくつ①

1 おうちの　なかに　にゃんこが　**1**ぴき　います。あとから　**2**ひき　くると　みんなで　なんびきですか。えを　みて　□に　かずを　かきましょう。

1つ20てん（40てん）

←ふえると

さいしょに　いた にゃんこ　□1ぴき

あとから　ふえた にゃんこ　□ひき

みんなで　□びき

このことを　しき　**1 ＋ 2 ＝ 3**　と　かきます。

2 えを　みて　しきに　かきましょう。　1つ20てん（60てん）

←ふえると

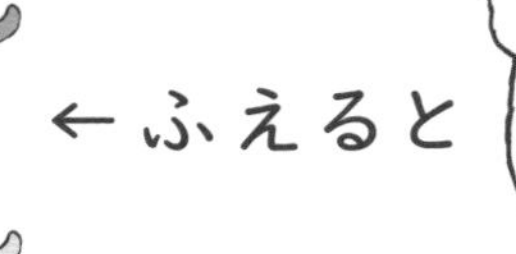

□ ＝ □

14 ふえると いくつ②

1 たしざんを しましょう。 1つ7てん（84てん）

① 3 ＋ 7 ＝ □

にゃんこクッキーの かずで かんがえてみよう！

② 2 ＋ 2 ＝ □

③ 1 ＋ 7 ＝ □

④ 0 ＋ 8 ＝ □

⑤ 1 ＋ 1 ＝ □

⑥ 8 ＋ 2 ＝ □

⑦ 5 ＋ 2 ＝ □

⑧ 8 ＋ 0 ＝ □

⑨ 4 ＋ 1 ＝ □

⑩ 0 ＋ 5 ＝ □

⑪ 8 ＋ 1 ＝ □

⑫ 2 ＋ 1 ＝ □

2 こたえが 8に なる たしざんの しきを つくりましょう。

（16てん）

しき

15 ふえると いくつ③

1 たしざんを しましょう。 1つ10てん（60てん）

① 0 ＋ 6 ＝ □　　④ 6 ＋ 0 ＝ □

② 3 ＋ 4 ＝ □　　⑤ 7 ＋ 1 ＝ □

③ 6 ＋ 1 ＝ □　　⑥ 3 ＋ 5 ＝ □

2 にゃんこが 4ひき すべりだいで あそんでいます。にゃんこの なかまが 3びき じゅんばんまちを しています。ぜんぶで なんびきですか。

しき20てん・こたえ20てん（40てん）

てん

しき　　　　　　　こたえ

16 ふえると いくつ④

1 たしざんを　しましょう。　1つ7てん（84てん）

① $0 + 2 =$ □	⑦ $2 + 3 =$ □
② $2 + 4 =$ □	⑧ $0 + 4 =$ □
③ $6 + 3 =$ □	⑨ $2 + 8 =$ □
④ $5 + 3 =$ □	⑩ $1 + 6 =$ □
⑤ $9 + 0 =$ □	⑪ $6 + 2 =$ □
⑥ $7 + 2 =$ □	⑫ $4 + 3 =$ □

2 こたえが　9に　なる
たしざんの　しきを
つくりましょう。

（16てん）

しき

17 のこりは いくつ①

1 おうちの なかに にゃんこが 3びき います。 2ひき でていくと のこりは なんびきですか。 えを みて □に かずを かきましょう。

1つ20てん（40てん）

さいしょに いた にゃんこ 3 びき

へった にゃんこ □ ひき

のこりは □ ぴき

このことを しき 3 − 2 = 1 と かきます。

2 えを みて しきに かきましょう。 1つ20てん（60てん）

ももが 9こ あります

5こ たべました

へると

しき □ − □ = □

18 のこりは いくつ②

1 ひきざんを しましょう。

1つ7てん（84てん）

①10 − 8 ＝ □

にゃんこクッキーの かずで かんがえてみよう！

② 1 − 1 ＝ □

③ 6 − 2 ＝ □

④ 6 − 3 ＝ □

⑤ 9 − 9 ＝ □

⑥ 8 − 5 ＝ □

⑦ 7 − 2 ＝ □

⑧10 − 10 ＝ □

⑨ 4 − 1 ＝ □

⑩ 3 − 3 ＝ □

⑪ 9 − 6 ＝ □

⑫ 4 − 0 ＝ □

2 こたえが 1に なる ひきざんの しきを つくりましょう。

（16てん）

しき

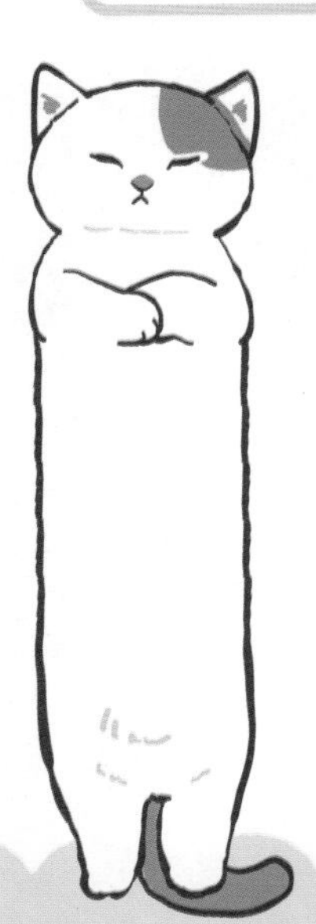

1 ひきざんを　しましょう。　1つ10てん（60てん）

① 6 − 1 ＝ □　　④ 7 − 6 ＝ □

② 10 − 2 ＝ □　　⑤ 8 − 0 ＝ □

③ 5 − 0 ＝ □　　⑥ 7 − 1 ＝ □

2 でんしゃに　にゃんこが　6ぴき　のって　います。3びき　おりて　いきました。でんしゃには　なんびき　のっていますか。　しき20てん・こたえ20てん（40てん）

しき　　　　　　　　こたえ

20 のこりは いくつ④

がつ 月　にち 日

1 ひきざんを しましょう。

1つ7てん（84てん）

① 7 － 4 ＝ □

② 9 － 2 ＝ □

③ 7 － 5 ＝ □

④ 10 － 0 ＝ □

⑤ 8 － 1 ＝ □

⑥ 4 － 3 ＝ □

⑦ 9 － 8 ＝ □

⑧ 9 － 0 ＝ □

⑨ 10 － 9 ＝ □

⑩ 5 － 4 ＝ □

⑪ 5 － 2 ＝ □

⑫ 0 － 0 ＝ □

2 こたえが 2に なる ひきざんの しきを つくりましょう。

（16てん）

しき

21 ちがいは いくつ①

がつ 月　にち 日

1 にゃんこが　7ひき、わんこが　4ひき　います。
にゃんこは　わんこより　なんびき　おおいですか。
えを　みて □ に　かずを　かきましょう。 (10てん)

にゃんこ

わんこ

□ びき　おおい

このことを しき 7 − 4 = 3 と かきます。

2 と の かずの ちがいは いくつですか。
えを みて しきに かきましょう。 1つ15てん (90てん)

しき □ − □ = □

しき □ − □ = □

22 ちがいは いくつ②

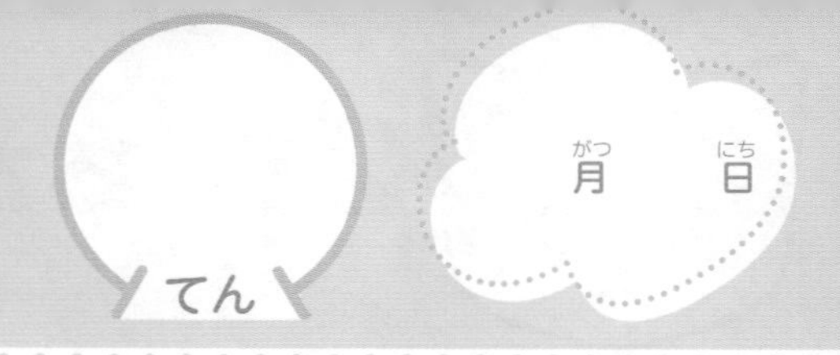

1 ひきざんを　しましょう。　1つ7てん（84てん）

① 8 − 4 ＝ □

にゃんこクッキーの　かずで
かんがえてみよう！

② 1 − 0 ＝ □

③ 3 − 2 ＝ □

④ 10 − 6 ＝ □

⑤ 8 − 6 ＝ □

⑥ 7 − 0 ＝ □

⑦ 2 − 1 ＝ □

⑧ 7 − 3 ＝ □

⑨ 4 − 4 ＝ □

⑩ 9 − 7 ＝ □

⑪ 8 − 8 ＝ □

⑫ 10 − 5 ＝ □

2 こたえが　3に　なる　ひきざんの
しきを　つくりましょう。（16てん）

しき

23 ちがいは　いくつ③

1 ひきざんを　しましょう。　1つ10てん（60てん）

① 8 － 3 ＝ □　　④ 10 － 3 ＝ □

② 5 － 5 ＝ □　　⑤ 3 － 0 ＝ □

③ 6 － 4 ＝ □　　⑥ 5 － 1 ＝ □

2 かんづめ　と　たいやき　では、どちらが　なんこ　おおいですか。

しき20てん・こたえ20てん（40てん）

しき

てん

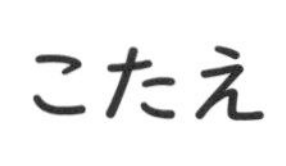   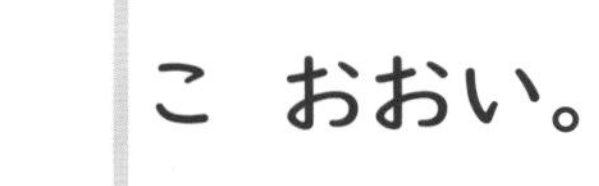

こたえ □ が □ こ おおい。

24 ちがいは いくつ④

1 ひきざんを しましょう。　1つ7てん（84てん）

① 5 − 3 ＝ □

② 2 − 2 ＝ □

③ 10 − 1 ＝ □

④ 8 − 2 ＝ □

⑤ 9 − 1 ＝ □

⑥ 6 − 6 ＝ □

⑦ 10 − 7 ＝ □

⑧ 9 − 4 ＝ □

⑨ 7 − 7 ＝ □

⑩ 8 − 7 ＝ □

⑪ 9 − 3 ＝ □

⑫ 2 − 0 ＝ □

2 こたえが 4に なる ひきざんの しきを つくりましょう。（16てん）

しき

さんすう　クイズ②
かたち　あそび

えんぴつで　かたちを　うつしとって
えを　かきます。

の　はこの かたちだけを　つかって　かける
えは　どれ？

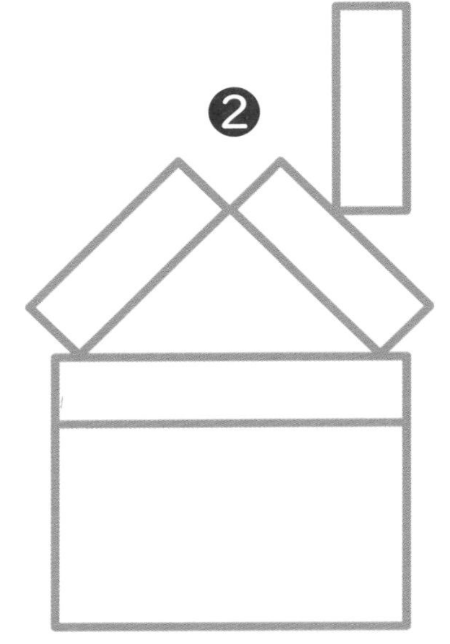

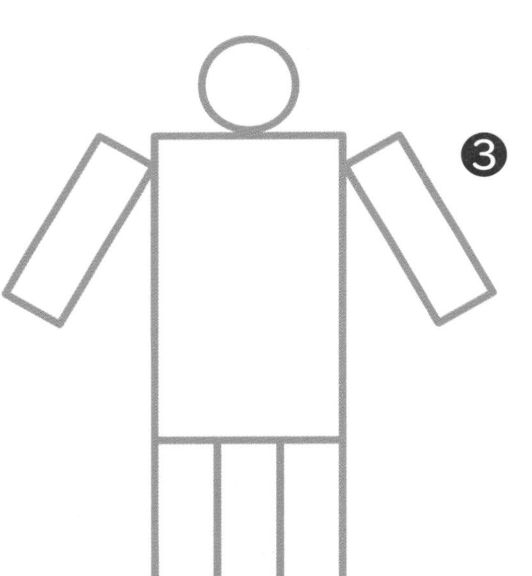

ヒント（ひんと）
はこの　むきを
いろいろ　かえて
うつしとって
いるよ。

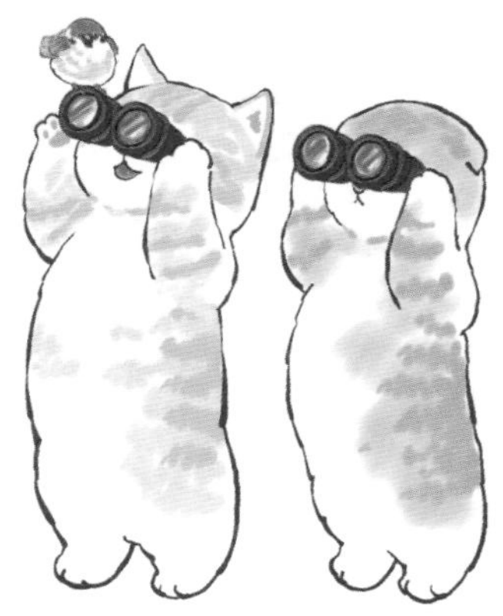

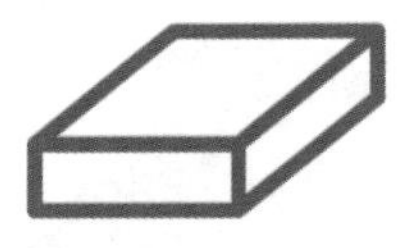

だけを　つかって
かける　えは

ばんごう

25 10より おおきい かず①

1 11から 20までの かずを かきましょう。 1つ4てん（40てん）

2 クッキーは なんこ ありますか。
かずを かきましょう。 1つ15てん（60てん）

26 10より おおきい かず②

がつ 月　にち 日

1 11＋4の けいさんの しかたを かんがえます。えを みて □ に かずを かきましょう。

1つ4てん（20てん）

① 11 を 10 と □ にわける。

② 10 の まとまりは そのままに する。

③ 1＋4＝□

④ 10 と □ を たすと □

10の まとまり

ここに たす

11＋4＝□

2 けいさんを しましょう。

1つ10てん（80てん）

① 12＋2＝□

10　2

② 10＋6＝□

③ 14＋1＝□

④ 15＋4＝□

⑤ 13＋4＝□

⑥ 18＋1＝□

⑦ 15＋2＝□

⑧ 13＋6＝□

27 10より おおきい かず③

がつ にち
月　日

1 15－4の けいさんの しかたを かんがえます。
えを みて □ に かずを かきましょう。

1つ4てん（20てん）

① 15を 10と
□ にわける。

② 10の まとまりは
そのままに する。

③ 5－4＝□

④ 10と □ を
たすと □

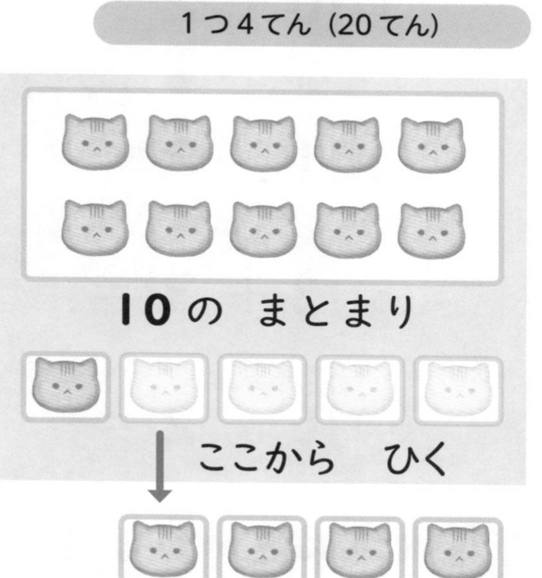

15－4＝□

2 けいさんを しましょう。

1つ10てん（80てん）

① 15－5＝□
10　5

② 14－4＝□

③ 17－5＝□

④ 19－7＝□

⑤ 19－1＝□

⑥ 18－4＝□

⑦ 18－3＝□

⑧ 16－6＝□

28 10より おおきい かず④

1 けいさんを しましょう。 1つ10てん（80てん）

①10 ＋ 2 ＝ □

にゃんこクッキーの かずで かんがえてみよう！

②11 ＋ 8 ＝ □

③13 ＋ 3 ＝ □

④16 ＋ 2 ＝ □

⑤16 － 5 ＝ □

⑥19 － 6 ＝ □

⑦14 － 2 ＝ □

⑧17 － 4 ＝ □

2 にゃんこが ならんで います。えを みて □に かずを かきましょう。 1つ10てん（20てん）

ひだり　　みぎ

① なんびき ならんで いますか。  ひき

②  は ひだりから なんばんめ ですか。  ばんめ

29 10より おおきい かず⑤

月 日

1 けいさんを しましょう。

1つ10てん (80てん)

① 12 ＋ 4 ＝ □

② 13 ＋ 6 ＝ □

③ 10 ＋ 5 ＝ □

④ 12 ＋ 1 ＝ □

⑤ 19 − 5 ＝ □

⑥ 16 − 4 ＝ □

⑦ 19 − 2 ＝ □

⑧ 18 − 2 ＝ □

2 □に かずを かきましょう。

1つ5てん (20てん)

① 15 は … 10 と □

10 ?

② 17 は … 10 と □

③ 19 は … 10 と □

④ 20 は … 10 と □

30 10より おおきい かず⑥

月 日

1 けいさんを しましょう。 1つ10てん（80てん）

①14 + 2 = □

②17 + 2 = □

③11 + 6 = □

④12 + 6 = □

⑤18 − 6 = □

⑥17 − 6 = □

⑦12 − 2 = □

⑧11 − 1 = □

2 □ に かずを かきましょう。 1つ5てん（20てん）

① 11 − 12 − □ − 14 − 15 − □ − 17

② 10 − 12 − □ − 16 − 18 − □

ヒント（ひんと）
かずの せんを みて かんがえよう。
いくつずつ とばして とんで いるかな。

10 − 11 − 12 − 13 − ? − 15 − 16 − 17 − 18 − 19 − ?

31 10より おおきい かず⑦

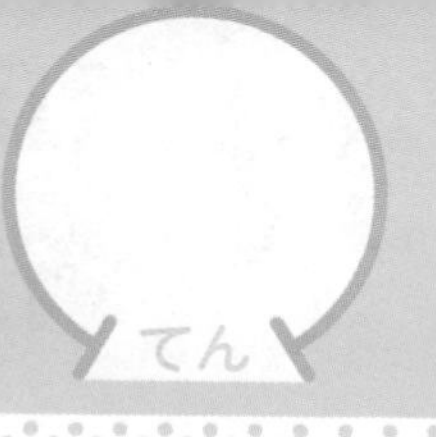

1 けいさんを しましょう。

1つ10てん（80てん）

①10 ＋ 7 ＝ □

②11 ＋ 2 ＝ □

③10 ＋ 9 ＝ □

④13 ＋ 5 ＝ □

⑤19 － 4 ＝ □

⑥16 － 2 ＝ □

⑦18 － 5 ＝ □

⑧17 － 3 ＝ □

2 つぎの かずは いくつですか。

1つ10てん（20てん）

① 15より 2 おおきい かず。

② 18より 3 ちいさい かず。

ヒント（ひんと）
かずの せんを みて
かんがえよう。
どちらの ほうこうに
すすむと いいかな。

10－11－12－13－14－15－16－17－18－19－20

32 10より おおきい かず⑧

1 けいさんを しましょう。　1つ10てん（80てん）

①11 ＋ 3 ＝ □

②13 ＋ 2 ＝ □

③10 ＋ 3 ＝ □

④14 ＋ 4 ＝ □

⑤17 － 7 ＝ □

⑥14 － 3 ＝ □

⑦15 － 2 ＝ □

⑧13 － 2 ＝ □

2 つぎの ぶんを しきに します。□ に かずを かきましょう。　1つ10てん（20てん）

① 11 と 3を あわせた かずは 14 です。

しき 11 ＋ □ ＝ □

② 18 から 6を とった かずは 12 です。

しき 18 － □ ＝ □

33 10より おおきい かず⑨

月 日

1 けいさんを しましょう。

1つ10てん（80てん）

①16 ＋ 3 ＝ □

②17 ＋ 1 ＝ □

③12 ＋ 5 ＝ □

④10 ＋ 8 ＝ □

⑤19 － 9 ＝ □

⑥18 － 7 ＝ □

⑦16 － 3 ＝ □

⑧19 － 8 ＝ □

2 えんぴつが なんぼん あるか かぞえましょう。

1つ5てん（20てん）

①

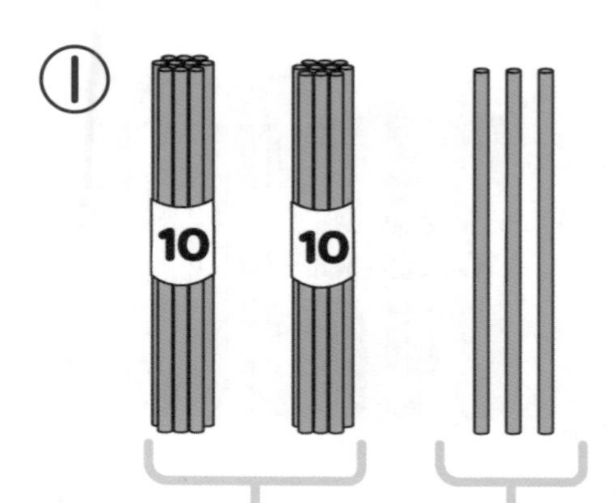

□ ぽん 3 ぼん

ぜんぶで  ほん

②

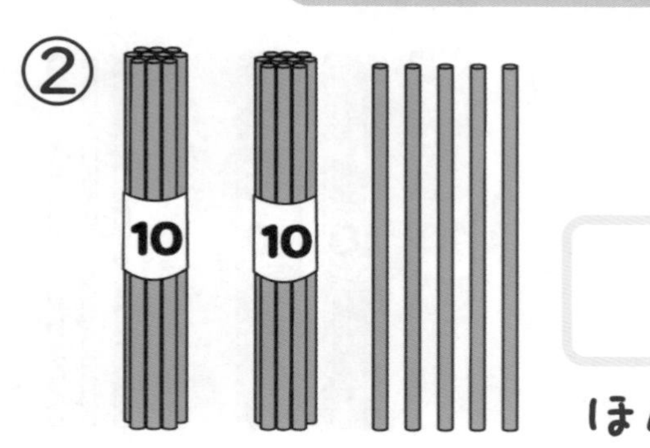

□ ほん

③

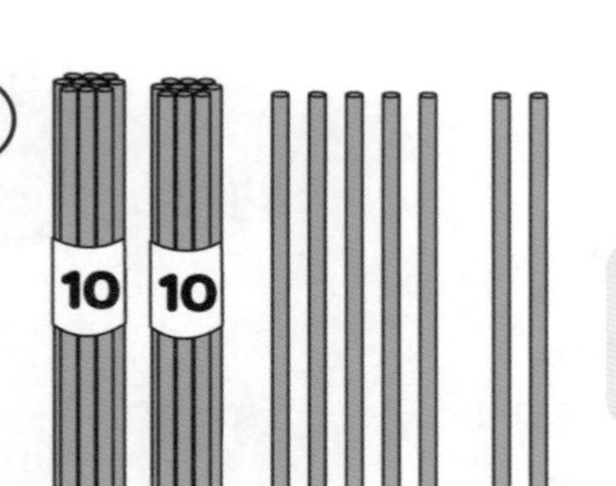

□ ほん

34 10より おおきい かず⑩

月 日

1 けいさんを しましょう。 1つ10てん（80てん）

①12 ＋ 3 ＝ □

②10 ＋ 9 ＝ □

③12 ＋ 4 ＝ □

④16 ＋ 2 ＝ □

⑤19 − 3 ＝ □

⑥15 − 4 ＝ □

⑦17 − 2 ＝ □

⑧13 − 3 ＝ □

2 えんぴつが なんぼん あるか かぞえましょう。 1つ5てん（20てん）

①

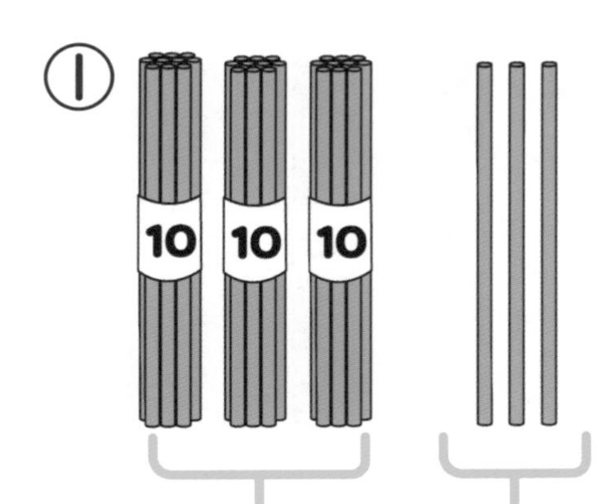

□ぽん　3ぼん

ぜんぶで □ほん

②

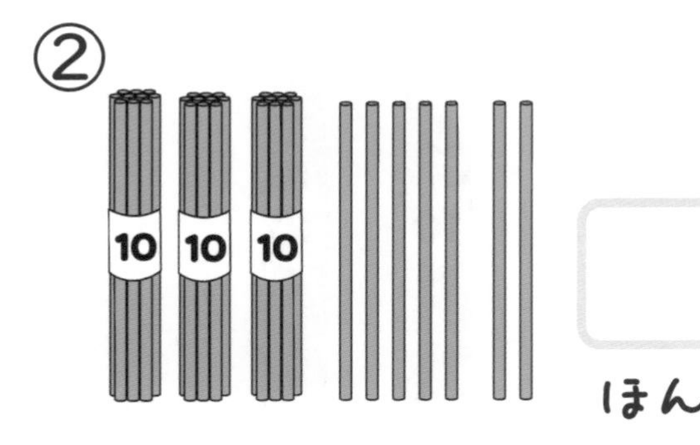

□ほん

③

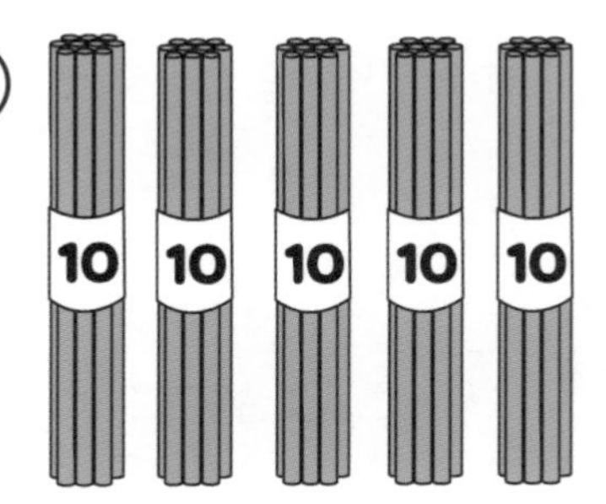

□ほん

35 かずの けいさん①

1 おうちに にゃんこが **3**びき います。**2**ひき きます。つぎに **1**ぴき きます。みんなで なんびきですか。えを みて □ に かずを かきましょう。

1つ15てん（60てん）

3びき います　2ひき きます　1ぴき きます

3 ＋ 2 ＝ 5　　**5 ＋ 1 ＝ 6**

3つの かずを たす ときも 1つの しきに できます

しき

□ ＋ □ ＋ □ ＝ □

2 けいさんを しましょう。

1つ10てん（40てん）

① **3 ＋ 2 ＋ 1** ＝ □

② **1 ＋ 4 ＋ 4** ＝ □

③ **2 ＋ 6 ＋ 1** ＝ □

④ **3 ＋ 3 ＋ 2** ＝ □

36 かずの けいさん②

1 おうちに にゃんこが 5ひき います。2ひき でて いきます。つぎに 1ぴき でて いきます。みんなで なんびきですか。えを みて □ に かずを かきましょう。

1つ15てん（60てん）

5ひき います　2ひき でて いきます　1ぴき でて いきます

5 − 2 = 3　3 − 1 = 2

3つの かずを ひく ときも 1つの しきに できます

しき

2 けいさんを しましょう。

1つ10てん（40てん）

① 5 − 3 − 2 = □

② 6 − 1 − 2 = □

③ 9 − 2 − 1 = □

④ 8 − 4 − 3 = □

37 かずの けいさん③

月 日

1 けいさんを しましょう。 1つ10てん（60てん）

①2＋8＋1＝□　④12－1－1＝□

②3＋7＋9＝□　⑤18－4－2＝□

③4＋6＋3＝□　⑥16－2－1＝□

2 にゃんこが 2ひき キャンプを して います。3びき やって きました。そのあと 2ひき やって きました。みんなで なんひきに なったでしょう。

しき20てん・こたえ20てん（40てん）

しき　　　　　　　　こたえ

38 かずの けいさん④

てん

月 日

1 けいさんを しましょう。

1つ10てん（60てん）

① $5+5+5=$ □

② $7+3+3=$ □

③ $1+9+9=$ □

④ $15-3-2=$ □

⑤ $17-2-3=$ □

⑥ $19-6-2=$ □

2 にゃんこが 8ひき あつまって います。1ぴき でかけて いきました。そのあと 2ひき でかけて いきました。なんびき のこって いるでしょう。

しき20てん・こたえ20てん（40てん）

しき　　　　　　　　　　こたえ

39 かずの けいさん⑤

てん

がつ にち
月 日

1 けいさんを しましょう。 1つ10てん（60てん）

① $10-5+2=$ □

② $6-4+3=$ □

③ $9-3+3=$ □

④ $4+1-3=$ □

⑤ $3+7-6=$ □

⑥ $9+1-2=$ □

2 9ひきで たのしく くらして いました。2ひきが とおくへ たびに でました。そのあと 2ひきが あたらしく やって きました。いま なんびきで くらして いますか。 しき20てん・こたえ20てん（40てん）

しき

こたえ

40 かずの けいさん⑥

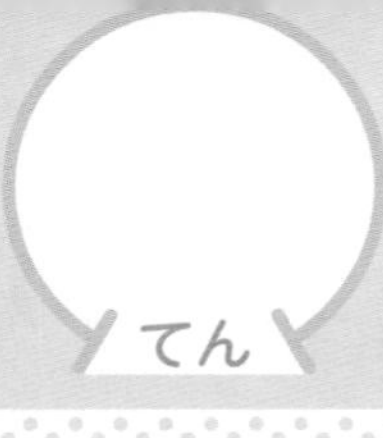

月がつ　日にち

1 けいさんを　しましょう。

1つ10てん（60てん）

① 1＋2＋2＋1＝

② 2＋3＋2＋3＝

③ 2＋4＋3＋0＝

④ 6－2－2－1＝

⑤ 8－4－2－1＝

⑥ 9－2－2－5＝

2 レストランに　にゃんこが　います。

2ひきが　カレー、2ひきが　ピザ、3びきが　おすし、1ぴきが　スパゲティを　たべて　います。みんなで　なんひき　いますか。

しき20てん・こたえ20てん（40てん）

しき

こたえ

さんすう　クイズ③

どっちが　ひろい？

にゃんこたちが　えんそくに　いきました。
シートを　しいて　みんなで　おべんとうを
たべます。　ひろい　シートは　どっちかな？

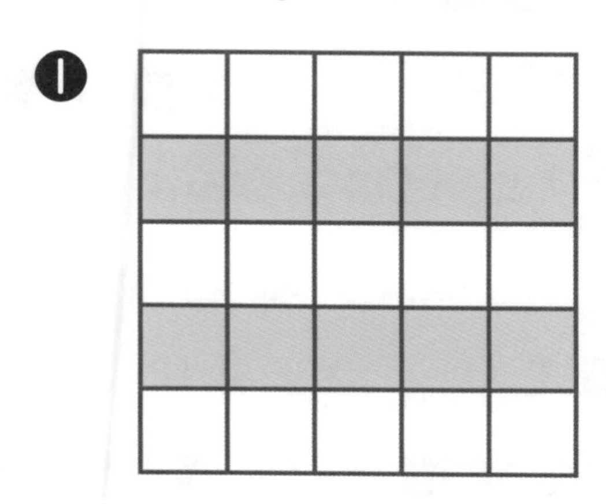

❶ ❷

ヒント（ひんと）

シートの □ は　ぜんぶ　おなじ　おおきさだよ。
□ が　いくつぶん　あるか　くらべて　みよう。

ひろい　シートは　ばんごう

41 たしざん①

1 7＋5の　けいさんの　しかたを　かんがえます。
□に　かずを　かきましょう。　1つ10てん（50てん）

① 7に　あと □ を　たすと　10に　なるよ

② 5を □ と　2に　わけよう

③ 7に □ を　たして　10が　できた

むこうへ　いくよ！

④ できた　10と　のこった □ をたして…　こたえは □

2 9＋3の　けいさんの　しかたを　かんがえます。
□に　かずを　かきましょう。　1つ10てん（50てん）

9＋3

1 2

10のまとまりをつくろう

① 9は　あと □ を　たすと　10に　できる。

② 3を □ と2に　わける。

③ 9と □ を　たして　10が　できた。

④ できた　10と　のこった □ を　たして…

こたえは □

42 たしざん②

1 □に かずを かきましょう。 1つ6てん (60てん)

① 8 ＋ 7 ＝ □

□ 5

10の まとまりを つくろう

③ 9 ＋ 5 ＝ □

□ □

② 8 ＋ 5 ＝ □

□ 3

④ 9 ＋ 2 ＝ □

□ □

2 にゃんこが クッキーを
7まい たべました。
つぎの ひ 6まい
たべました。ぜんぶで
なんまい たべましたか。

しき20てん・こたえ20てん (40てん)

しき　　　　　　　　　　こたえ

43 たしざん③

1 けいさんを　しましょう。

1つ10てん（60てん）

① 9 ＋ 6 ＝ □

② 7 ＋ 4 ＝ □

③ 9 ＋ 8 ＝ □

④ 8 ＋ 6 ＝ □

⑤ 8 ＋ 4 ＝ □

⑥ 8 ＋ 9 ＝ □

2 にゃんこが　ぎょうざを
6こ　たべました。
そのあと　**5**こ　おかわりを
しました。ぜんぶで
なんこ　たべましたか。

しき20てん・こたえ20てん（40てん）

しき	こたえ

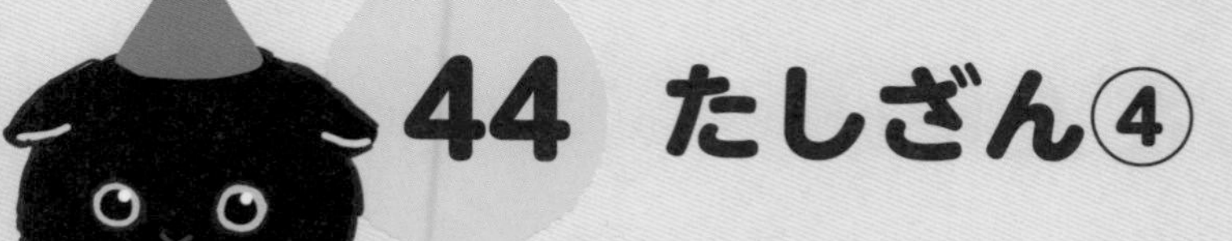

44 たしざん④

てん

月 日

1 けいさんを　しましょう。

1つ10てん（60てん）

① 9 ＋ 4 ＝ □

② 9 ＋ 7 ＝ □

③ 8 ＋ 3 ＝ □

④ 9 ＋ 9 ＝ □

⑤ 6 ＋ 6 ＝ □

⑥ 7 ＋ 8 ＝ □

2 にゃんこ　8ひき、

わんこ　8ひきが　あつまって
クリスマスパーティーを　します。
みんなで　なんびき
あつまりますか。

しき20てん・こたえ20てん（40てん）

しき　　　　　　こたえ

45 たしざん⑤

てん

月 日

1 けいさんを　しましょう。　1つ10てん（60てん）

① 6 ＋ 9 ＝

② 4 ＋ 8 ＝

③ 2 ＋ 9 ＝

④ 5 ＋ 6 ＝

⑤ 3 ＋ 8 ＝

⑥ 6 ＋ 7 ＝

2 いちごドーナツが　7こ、チョコドーナツが　9こ　あります。ドーナツは　ぜんぶで　なんこ　ありますか。　しき20てん・こたえ20てん（40てん）

しき　　　　こたえ

46 たしざん⑥

1 けいさんを　しましょう。　1つ10てん（60てん）

① 6 ＋ 8 ＝ □

② 5 ＋ 9 ＝ □

③ 4 ＋ 9 ＝ □

④ 5 ＋ 7 ＝ □

⑤ 7 ＋ 7 ＝ □

⑥ 4 ＋ 7 ＝ □

2 にゃんこが　ケーキを　つくっています。
あさ　5こ、ゆうがた　8こ　つくりました。
ぜんぶで　なんこ　つくりましたか。

しき20てん・こたえ20てん（40てん）

しき　　　　　　　　　　こたえ

47 ひきざん①

1 11－7の　けいさんの　しかたを　つぎの　ように　かんがえます。□に　かずを　かきましょう。

1つ10てん（40てん）

① 11を□と　1に　わけて　おこう

② 10から□を　ひいて　3のこる

③ のこった　3と□を　たして…　こたえは□

2 14－8の　けいさんの　しかたを　つぎの　ように　かんがえます。□に　かずを　かきましょう。

1つ12てん（60てん）

14－8
10　4

① 14を□と□に　わけて　おこう

14－8
10　2　4

② □から　8を　ひいて　2のこる

14－8
10　2　4

③ のこった　2と□を　たして…

こたえは□

48 ひきざん②

1 □に　かずを　かきましょう。　　1つ10てん（60てん）

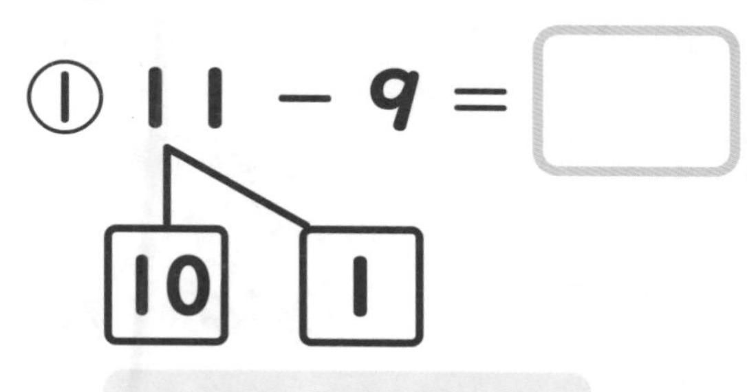

① 11 − 9 = □

10　1

10から　9を　ひこう

③ 15 − 9 = □

10　□

② 12 − 7 = □

10　2

10から　7を　ひこう

④ 13 − 6 = □

10　□

2 おとしだまぶくろが 17まい
あります。9まい
つかうと　のこりは
なんまい　ですか。

しき20てん・こたえ20てん（40てん）

しき	こたえ

49 ひきざん③

1

12－3 の けいさんの しかたを つぎの ように かんがえます。□ に かずを かきましょう。 1つ10てん（40てん）

ひかれる かず　ー　ひく かず

① 12を 10と □ に わけて おきます

3も □ と 1に わけて おきます

② 12から 2を ひいて □ に なります

2を ひいたので ひくかずは あと 1

③ 10から 1を ひいて… こたえは □

ぜんぶ ひきおわりました

2

14－5 の けいさんの しかたを つぎの ように かんがえます。□ に かずを かきましょう。 1つ15てん（60てん）

14 － 5
4　1

14－4－1 に なるよ

① ひかれる かず 14の 4から さきに ひく けいさんの しかたです。

② そのために 5を □ と 1に わけます。

③ はじめに 14から 4をひいて □ に なります。

④ つぎに □ から 1を ひいて…

こたえは □

50 ひきざん④

月　日

1 □に　かずを　かきましょう。　1つ10てん（60てん）

① 11 − 2 = □

1　1

はじめに　11 から　1をひく

③ 15 − 8 = □

□　3

② 13 − 5 = □

3　2

はじめに　13 から　3 をひく

④ 17 − 8 = □

7　□

2 16 こいりの　たこやきが　あります。7こ　たべると　のこりは　なんこですか。

しき20てん・こたえ20てん（40てん）

しき　　こたえ

51 ひきざん⑤

てん

月 日

1 けいさんを しましょう。 1つ10てん（60てん）

① 12 － 4 ＝

② 14 － 6 ＝

③ 11 － 8 ＝

④ 15 － 6 ＝

⑤ 13 － 4 ＝

⑥ 18 － 9 ＝

2 スイカが 12こ、キウイが 8こ あります。
どちらが なんこ おおいですか。

しき20てん・こたえ20てん（40てん）

しき　　　　　　こたえ

52 ひきざん⑥

1 けいさんを　しましょう。　1つ10てん（60てん）

① 12 − 6 = □

② 11 − 4 = □

③ 14 − 7 = □

④ 13 − 8 = □

⑤ 16 − 9 = □

⑥ 15 − 7 = □

2 ハムスターが　7ひき、にゃんこが　13ひき　います。どちらが　なんびき　おおいですか。

しき20てん・こたえ20てん（40てん）

しき　　　　　こたえ

さんすう クイズ ④
けいさん ぴらみっど

となりあう かずを たして、
こたえを うえの ますに かこう。
すうじの ぴらみっどは
ぶじに できあがるかな？

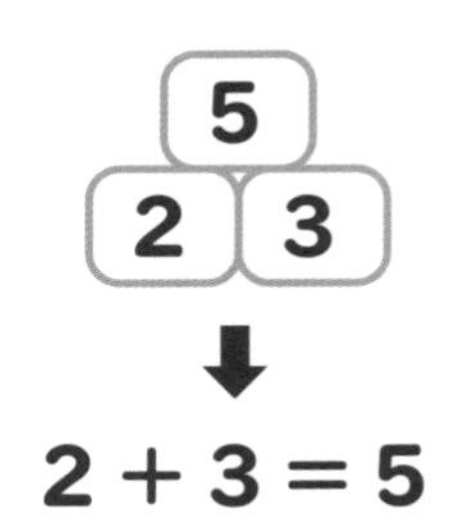

❶
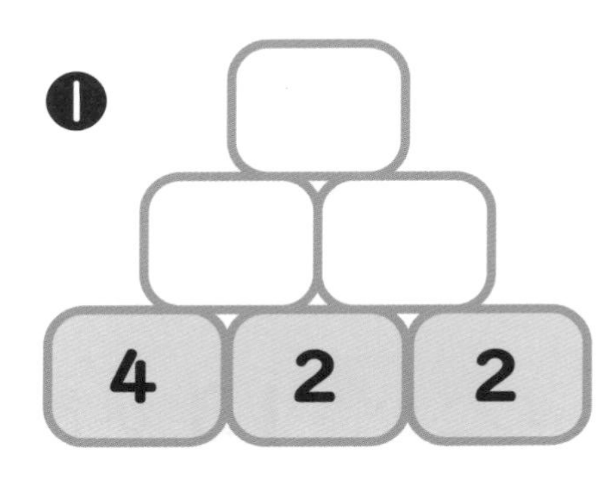

❷
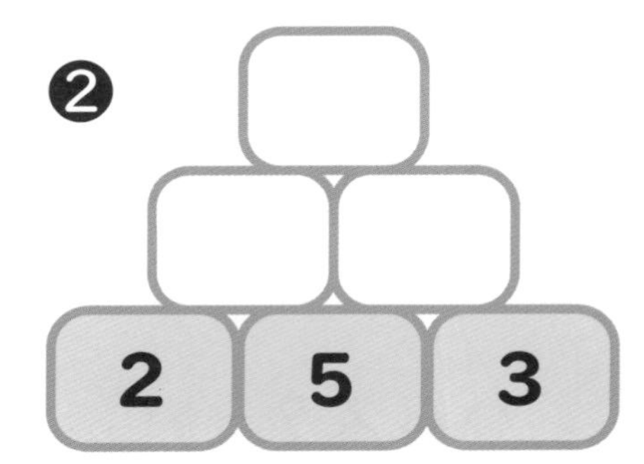

❸

❹
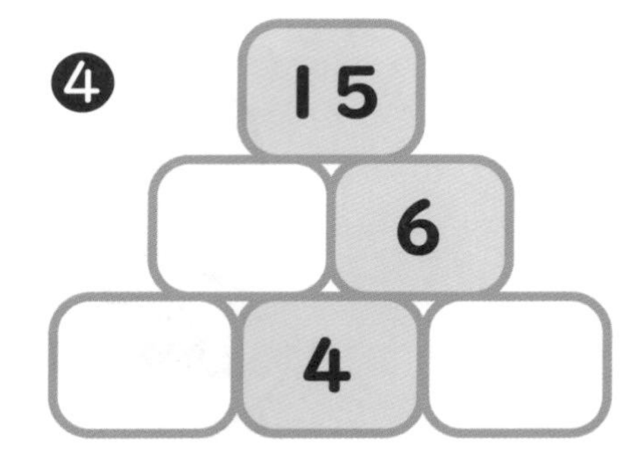

❺
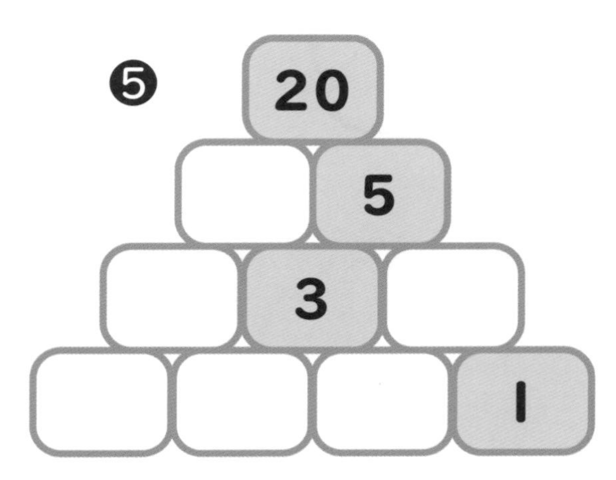

ヒント（ひんと）
いれられる ますから
いれて みよう。

53 おおきい かず①

1 えびふらいは なんこ ありますか。かぞえて □ に かずを かきましょう。 1つ30てん（60てん）

①

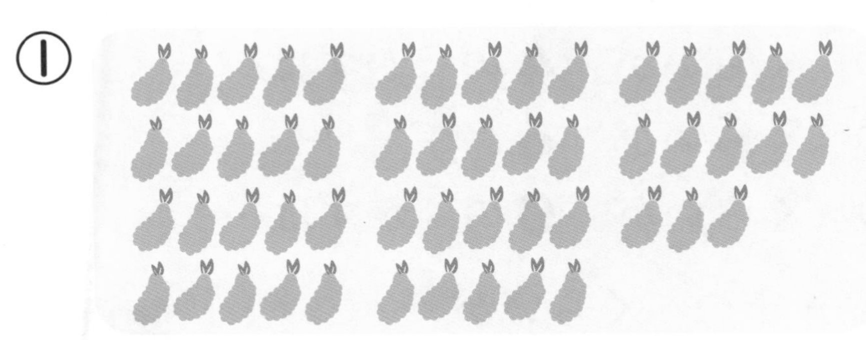

こ

②

こ

2 クッキーの かずを すうじで かきましょう。 1つ10てん（40てん）

①

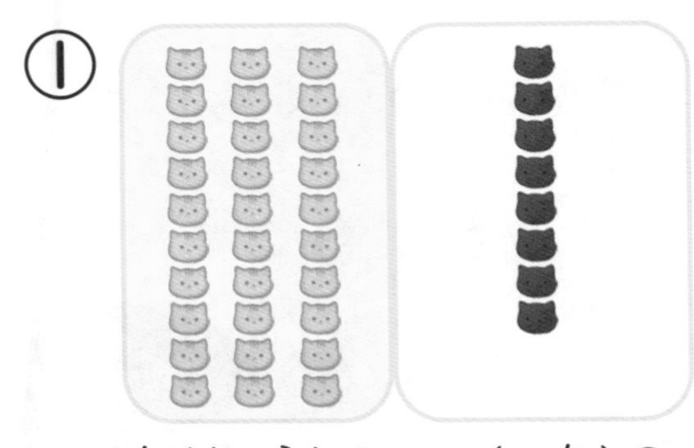

十（じゅう）の くらい □　一（いち）の くらい □

②

十（じゅう）の くらい □　一（いち）の くらい □

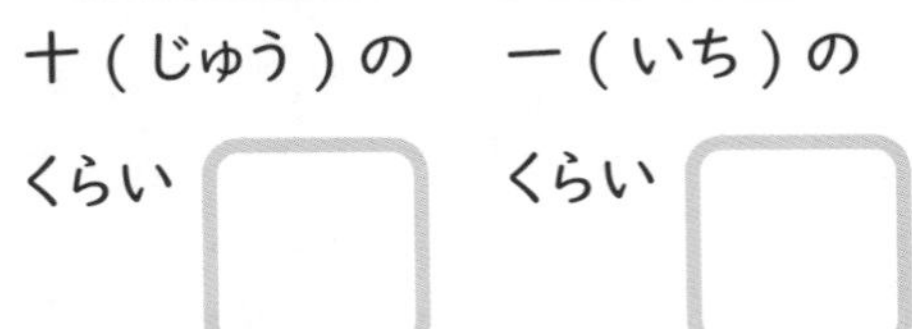

54 おおきい かず②

1 □に かずを かきましょう。 1つ10てん（60てん）

① 十の くらいが 7、
一の くらいが 4の かずは… □

② 十の くらいが 6、
一の くらいが 0の かずは… □

③ 49 … 十の くらいが □ 、
一の くらいが □ 。

④ 90 … 十の くらいが □ 、
一の くらいが □ 。

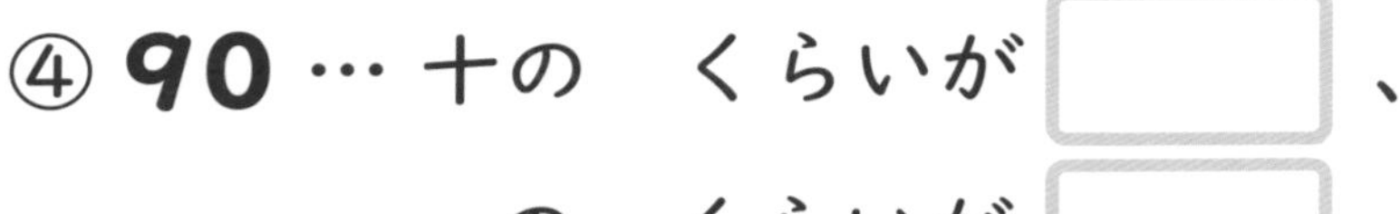

2 86を あらわします。
□に かずを かきましょう。 1つ8てん（40てん）

① 十の くらいが □ で、一の くらいが □ 。

② 10が 8こで □ 。1が 6こで 6。
□ と 6を たして 86。

③ 86は 80と □ を
あわせた かずです。

55 おおきい かず③

1 おおきい ほうの かずに ○を つけましょう。

1つ10てん（40てん）

① 54　45
（　）（　）

③ 63　70
（　）（　）

② 81　79
（　）（　）

④ 42　61
（　）（　）

2 かずの せんを みながら かんがえます。
□に かずを かきましょう。

1つ15てん（60てん）

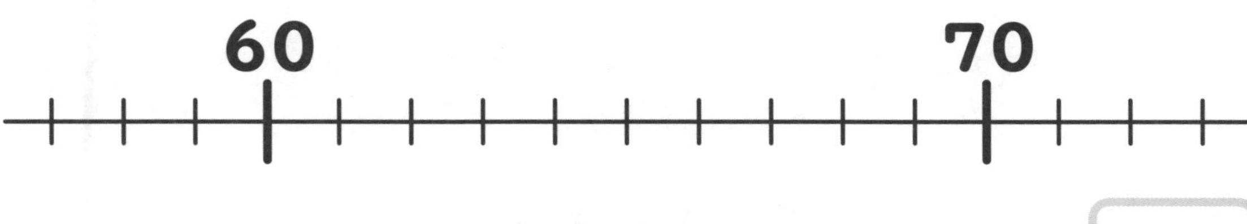

① **61** より **2** おおきい かずは □

② **70** より **3** ちいさい かずは □

③ **63** より **7** おおきい かずは □

④ **71** より **9** ちいさい かずは □

56 おおきい かず④

1 □に かずを かきましょう。 1つ14てん（28てん）

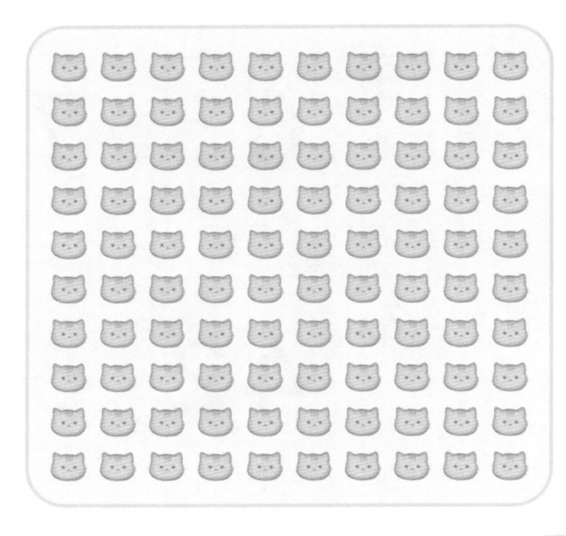

10のまとまりが
10こで 百（ひゃく）。
↓
100 と かきます。

① 100は 99より □ おおきい かずです。

② 100と 2で 「ひゃくに」です。
「ひゃくに」は すうじで □ と かきます。

2 □に かずを かきましょう。 1つ8てん（72てん）

① 95 ― 96 ― □ ― 98 ― □ ― □ ― 101

② 105 ― 106 ― □ ― □ ― 109 ― □ ― 111

③ 115 ― □ ― 117 ― 118 ― □ ― □ ― 121

57 おおきい かず⑤

月　日

1 えを　みながら　けいさんを　しましょう。

1つ5てん（10てん）

① 20 ＋ 4 ＝ □

② 43 － 3 ＝ □

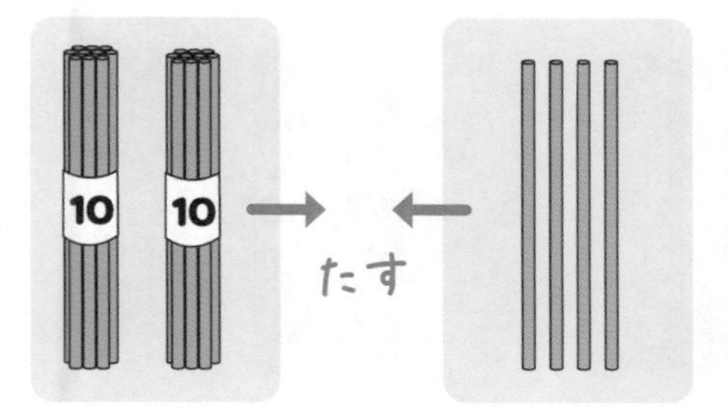

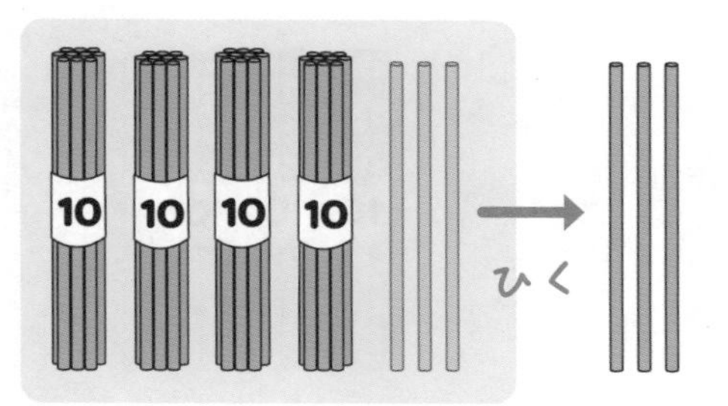

2 けいさんを　しましょう。

1つ9てん（90てん）

① 30 ＋ 6 ＝ □

② 50 ＋ 2 ＝ □

③ 60 ＋ 1 ＝ □

④ 70 ＋ 8 ＝ □

⑤ 90 ＋ 7 ＝ □

⑥ 25 － 5 ＝ □

⑦ 36 － 6 ＝ □

⑧ 58 － 8 ＝ □

⑨ 73 － 3 ＝ □

⑩ 99 － 9 ＝ □

58 おおきい かず⑥

1 えを　みながら　けいさんを　しましょう。

1つ5てん（10てん）

① 34 ＋ 3 ＝

② 26 － 5 ＝

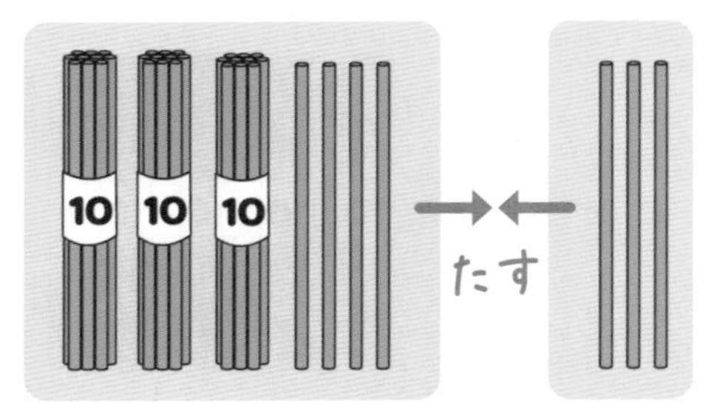

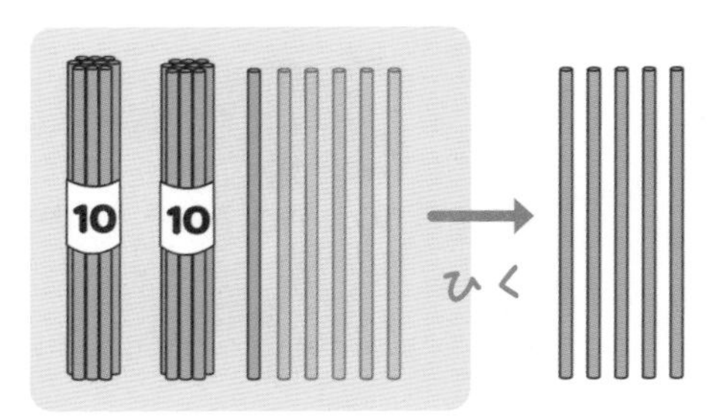

2 けいさんを　しましょう。

1つ9てん（90てん）

① 42 ＋ 4 ＝

② 63 ＋ 2 ＝

③ 74 ＋ 3 ＝

④ 85 ＋ 3 ＝

⑤ 91 ＋ 2 ＝

⑥ 37 － 4 ＝

⑦ 53 － 2 ＝

⑧ 68 － 3 ＝

⑨ 75 － 1 ＝

⑩ 89 － 6 ＝

59 おおきい かず⑦

1 えを みながら けいさんを しましょう。

1つ5てん（10てん）

① $20+40=$ □

② $60-30=$ □

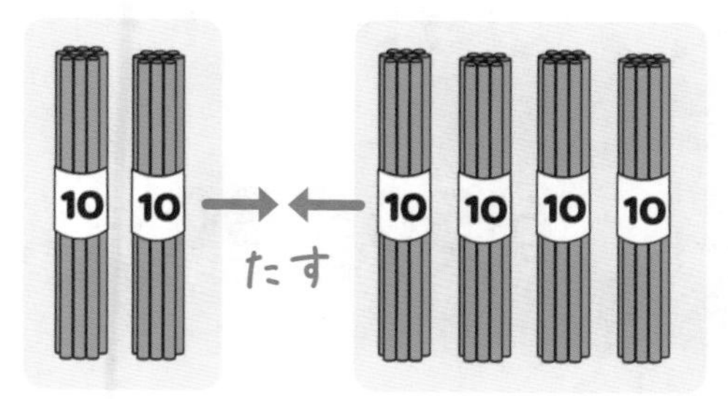

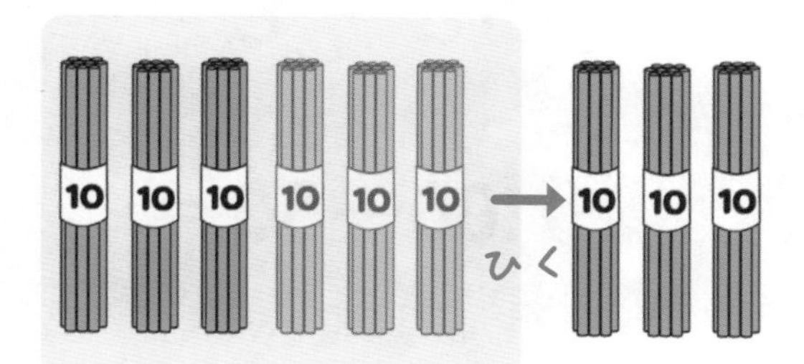

2 けいさんを しましょう。

1つ9てん（90てん）

① $10+60=$ □

② $30+40=$ □

③ $20+60=$ □

④ $10+90=$ □

⑤ $20+80=$ □

⑥ $50-10=$ □

⑦ $60-20=$ □

⑧ $80-10=$ □

⑨ $100-30=$ □

⑩ $100-90=$ □

60 おおきいかず⑧

1 けいさんを　しましょう。

1つ10てん（60てん）

① 53 ＋ 4 ＝ ☐

② 78 － 8 ＝ ☐

③ 100－50 ＝ ☐

④ 40 ＋ 2 ＝ ☐

⑤ 95 － 4 ＝ ☐

⑥ 50＋30 ＝ ☐

2 にゃんこサンタが　プレゼントを

くばって　います。70 こ　あった
プレゼントの　うち、20 こを
くばりおわりました。
プレゼントは　あと　なんこ
のこっていますか。

しき20てん・こたえ20てん（40てん）

しき　　　　　　　　　　　　　こたえ

61 しきと けいさん①

1 くろねこが まえから 4ばんめに います。
くろねこの うしろには 5ひき います。
みんなで なんびきですか。 しき 25 てん・こたえ 25 てん（50 てん）

1ばんめ 2ばんめ 3ばんめ 4ばんめ

しき　　　　　　　　　　こたえ

2 しろねこが うしろから 6ばんめに います。
しろねこの まえには 7ひき います。
みんなで なんびきですか。 しき 25 てん・こたえ 25 てん（50 てん）

ずを かいて かんがえて みよう

しき　　　　　　　　　　こたえ

62 しきと けいさん②

月 日

1 にゃんこが 10ぴき ならんで います。
くろねこは まえから 4ばんめです。
くろねこの うしろには なんびき いますか。

しき25てん・こたえ25てん（50てん）

しき　　　　　　　　　　こたえ

2 にゃんこが 8ひき ならんで います。
とらねこは うしろから 3ばんめです。
とらねこの まえには なんびき いますか。

しき25てん・こたえ25てん（50てん）

ずを かいて かんがえて みよう

しき　　　　　　　　　　こたえ

63 しきと けいさん③

てん

月 日

1 5ひきの にゃんこが たいやきを たべて います。たいやきは あと 4こ あります。たいやきは ぜんぶで なんこですか。

しき25てん・こたえ25てん（50てん）

5ひきの にゃんこが たべている たいやきは 5こ

しき　　　　こたえ

2 8ぴきの にゃんこが じてんしゃに のって います。じてんしゃは あと 4だい あります。じてんしゃは ぜんぶで なんだいですか。

しき25てん・こたえ25てん（50てん）

ずを かいて かんがえて みよう

しき　　　　こたえ

64 しきと けいさん④

1 ハンモックが　4つ　あります。
6ぴきの　にゃんこが　おひるねを　します。
ハンモックを　つかえない　にゃんこは
なんびきですか。

しき 25 てん・こたえ 25 てん（50 てん）

ハンモックを　つかえる　にゃんこは　4ひき

しき	こたえ

2 ブランコが　5だい　あります。
12 ひきの　にゃんこが　のりに　きました。
ブランコに　のれない　にゃんこは
なんびきですか。

しき 25 てん・こたえ 25 てん（50 てん）

ずを　かいて　かんがえて　みよう

しき	こたえ

65 しきと けいさん⑤

1 たけのこが 5ほん あります。とうもろこしは たけのこより 3ぼん おおいそうです。とうもろこしは なんぼん ありますか。

しき25てん・こたえ25てん
(50てん)

しき　　　　　　　　　　こたえ

2 にゃんこの きょうだいが じゃがいもを ほりました。おにいちゃんは 15こ ほりました。おとうとは おにいちゃんより 6こ すくなかったそうです。おとうとは なんこ ほりましたか。

しき25てん・こたえ25てん
(50てん)

ずを かいて
かんがえて みよう

しき　　　　　　　　　　こたえ

66 しきと けいさん⑥

1 しろねこの まえに 2ひき ならんで います。
しろねこの うしろには 4ひき います。
みんなで なんひきですか。 しき25てん・こたえ25てん（50てん）

しき　　　　こたえ

2 くろねこの まえに 7ひき ならんで います。
くろねこの うしろにも 7ひき ならんで います。
みんなで なんひきですか。 しき25てん・こたえ25てん（50てん）

ずを かいて かんがえて みよう

しき　　　　こたえ

こたえ と アドバイス

1 10までの かず① P.3

アドバイス なぞることを通して、正しい数字の書き方を身につけます。4や5は、書き順にも気をつけさせましょう。

2 10までの かず② P.4

アドバイス 8や9は、子どもにとって書きにくい数字です。正しく書けるようになるまで、繰り返し練習しましょう。0の書き始めの位置にも注意させましょう。

3 10までの かず③ P.5

❶ ①1 ②4 ③3 ④8

❷

5 2 7

アドバイス 「いち、に、さん、し…」と一つ一つ声に出して数えるようにすると、間違えにくいです。

4 10までの かず④ P.6

❶ ①3に○ ②6に○
③8に○ ④9に○

❷ ①2 ②6 ③0

アドバイス ❷「何もない」という意味の0は、ほかの数と同様に数であることを理解させましょう。

5 いくつと いくつ① P.7

❶ ①2 ②4 ③3 ④1

❷ ①4 ②3 ③2 ④1

アドバイス 5を2つの数に分解する問題です。分かりにくい場合は、絵を見て数えさせましょう。

6 いくつと いくつ② P.8

❶

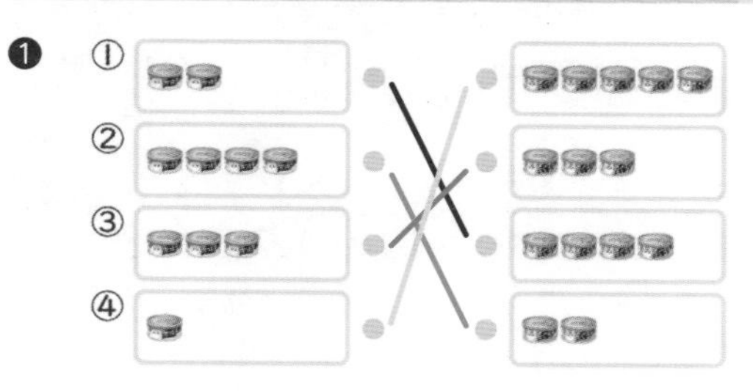

❷ ①6 ②4 ③3 ④2

アドバイス ❶6の合成の問題です。「あといくつで6になる？」「いくつといくつで6になる？」などと声をかけてあげましょう。

7 いくつと いくつ③ P.9

❶ ①7 ②5 ③4 ④3 ⑤2

❷ ①2 ②5

アドバイス ❷まず、いくつあるかを正確に数えてから、「あといくつで9になるかな？」と考えさせます。

8 いくつと いくつ④ P.10

❶ ①5 ②7 ③8

❷ ①8 ②5 ③7 ④2

アドバイス 10の分解や合成は、何度も取り組みましょう。足し算や引き算のくり上がり、くり下がりを理解する基礎となる内容です。

9 あわせて いくつ① P.11

❶（左から順に） 1 3

❷

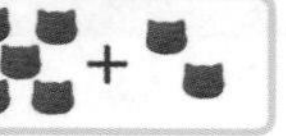
（○）

（ ）

❸

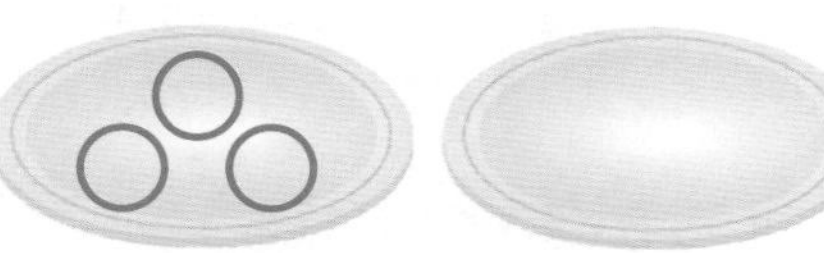

こたえは 3

こたえ と アドバイス

アドバイス　同時に存在する２つの数を足し合わせ、大きさを求める考え方です。

10 あわせて いくつ② P.12

❶ ①3 ②4 ③6 ④10 ⑤1 ⑥9
⑦4 ⑧5 ⑨10 ⑩10 ⑪7 ⑫5

❷（例） 1＋5 2＋4 3＋3 4＋2
5＋1 0＋6 6＋0

アドバイス　❷何通りも考えられます。どれか一つでも書けたら正解です。

11 あわせて いくつ③ P.13

❶ ①9 ②6 ③10 ④0 ⑤8 ⑥5

❷（しき） 2＋3＝5 （こたえ） 5ひき

アドバイス　❷具体的な場面を式に表す問題です。何と何の数を合わせているのか、確かめながら式を作ります。「こたえ」では、最後に「ひき」と付けることにも注意させます。

12 あわせて いくつ④ P.14

❶ ①8 ②10 ③7 ④9 ⑤2 ⑥10
⑦4 ⑧3 ⑨7 ⑩6 ⑪9 ⑫1

❷（例） 1＋6 2＋5 3＋4 4＋3
5＋2 6＋1 0＋7 7＋0

アドバイス　❶分かりにくい場合は、おはじきやブロックなどの具体物を利用して、確実に計算できるよう練習しましょう。

さんすう クイズ① P.15

こたえ ⑤

アドバイス　マス目を数えて、比べさせます。
(①8マス ②6マス ③5マス ④7マス ⑤9マス)

13 ふえると いくつ① P.16

❶（左から順に） 2 3

❷ 4＋3＝7

アドバイス　ある数に他の数を追加したときの大きさを求める考え方です。

14 ふえると いくつ② P.17

❶ ①10 ②4 ③8 ④8 ⑤2 ⑥10
⑦7 ⑧8 ⑨5 ⑩5 ⑪9 ⑫3

❷（例） 1＋7 2＋6 3＋5 4＋4 5＋3
6＋2 7＋1 0＋8 8＋0

アドバイス　❶計算練習を通して、①3＋7や⑥8＋2など、足して10になる数の組み合わせを覚えていくとよいでしょう。

15 ふえると いくつ③ P.18

❶ ①6 ②7 ③7 ④6 ⑤8 ⑥8

❷（しき） 4＋3＝7 （こたえ） 7ひき

アドバイス　❷絵を見ながら、初めからある数と後から増えた数を確認させ、正しく式に表せるようにします。3＋4としないように注意させましょう。

16 ふえると いくつ④ P.19

❶ ①2 ②6 ③9 ④8 ⑤9 ⑥9
⑦5 ⑧4 ⑨10 ⑩7 ⑪8 ⑫7

❷（例） 1＋8 2＋7 3＋6 4＋5 5＋4
6＋3 7＋2 8＋1 0＋9 9＋0

アドバイス　❶ ①、⑤、⑧のような0を含む足し算も確実にできるよう練習しましょう。

17 のこりは いくつ① P.20

❶（左から順に） 2 1

❷ 9－5＝4

アドバイス　ある数から他の数を取り去ったときの、残りの数の大きさを求める考え方です。

こたえ と アドバイス

18 のこりは いくつ② P.21

❶ ①2 ②0 ③4 ④3 ⑤0 ⑥3
⑦5 ⑧0 ⑨3 ⑩0 ⑪3 ⑫4

❷（例）10－9 9－8 8－7 7－6 6－5
5－4 4－3 3－2 2－1 1－0

アドバイス ❶答えが 10 以下になる引き算の練習問題です。①のようににゃんこの数を見ながら考える場合は、左側の引かれる数（10）から、引く数（8）を線で消すなどして数えましょう。

19 のこりは いくつ③ P.22

❶ ①5 ②8 ③5 ④1 ⑤8 ⑥6

❷（しき）6－3＝3 （こたえ）3びき

アドバイス ❷絵を見ながら、初めからある数と後から取り去る数を確認させ、正しく式に表せるようにします。

20 のこりは いくつ④ P.23

❶ ①3 ②7 ③2 ④10 ⑤7 ⑥1
⑦1 ⑧9 ⑨1 ⑩1 ⑪3 ⑫0

❷（例）10－8 9－7 8－6 7－5 6－4
5－3 4－2 3－1 2－0

アドバイス ❶ ⑫0－0のように、「何もない」数から「何もない」数を引くことも式に表すことができます。

21 ちがいは いくつ① P.24

❶ 3

❷（順に）5－2＝3
4－1＝3

アドバイス 二つの数の差を求める考え方です。多い方の数から少ない方の数を引くことに注意させましょう。

22 ちがいは いくつ② P.25

❶ ①4 ②1 ③1 ④4 ⑤2 ⑥7
⑦1 ⑧4 ⑨0 ⑩2 ⑪0 ⑫5

❷（例）10－7 9－6 8－5 7－4
6－3 5－2 4－1 3－0

アドバイス ❶ ④や⑫などは、p.10 のように、「10 はいくつといくつにわけられるかな」と考えると分かりやすいです。

23 ちがいは いくつ③ P.26

❶ ①5 ②0 ③2 ④7 ⑤3 ⑥4

❷（しき）7－5＝2
（こたえ）かんづめが 2こ おおい。

アドバイス ❷かんづめとたいやきの数をそれぞれ数えて、どちらが多いのかを確認させます。

24 ちがいは いくつ④ P.27

❶ ①2 ②0 ③9 ④6 ⑤8 ⑥0
⑦3 ⑧5 ⑨0 ⑩1 ⑪6 ⑫2

❷（例）10－6 9－5 8－4 7－3
6－2 5－1 4－0

アドバイス ❶ ②、⑥、⑨のように、同じ数どうしの引き算は答えが0になります。

さんすう クイズ② P.28

こたえ ②

アドバイス 図形の一つ一つの形が、箱のどの側面と対応しているのかを確かめます。実際に空き箱で示してあげるとよいでしょう。

25 10 より おおきい かず① P.29

❷ ①11 ②17 ③20 ④15

アドバイス ❷ 10 のまとまりを作らせ、10 といくつなのかと考えさせます。

こたえ と アドバイス

26 10より おおきい かず② P.30

❶ ①1 ③5 ④5、15、15
❷ ①14 ②16 ③15 ④19
⑤17 ⑥19 ⑦17 ⑧19

アドバイス ❷①12を10と2に分けた後、2＋2と10＋4の2回、計算をする必要があります。順を追って計算できるよう、繰り返し練習しましょう。

27 10より おおきい かず③ P.31

❶ ①5 ③1 ④1、11、11
❷ ①10 ②10 ③12 ④12
⑤18 ⑥14 ⑦15 ⑧10

アドバイス ❷①15を10と5に分けた後、5－5と10＋0の計算を行います。引き算と足し算の要素があり、混乱しやすいので注意が必要です。

28 10より おおきい かず④ P.32

❶ ①12 ②19 ③16 ④18
⑤11 ⑥13 ⑦12 ⑧13
❷ ①12 ②9

アドバイス ❷②「ひだりから」とあることに注意させます。

29 10より おおきい かず⑤ P.33

❶ ①16 ②19 ③15 ④13
⑤14 ⑥12 ⑦17 ⑧16
❷ ①5 ②7 ③9 ④10

アドバイス ❷10といくつの端数でできているかを考えます。10のまとまりが2つ、3つと集まると20、30となることにも気づかせます。

30 10より おおきい かず⑥ P.34

❶ ①16 ②19 ③17 ④18
⑤12 ⑥11 ⑦10 ⑧10
❷（左から順に）①13 16 ②14 20

アドバイス ❷②ヒントの数直線（数の線）を見ながら、数字がいくつずつ飛んでいるかを考えさせます。

31 10より おおきい かず⑦ P.35

❶ ①17 ②13 ③19 ④18
⑤15 ⑥14 ⑦13 ⑧14
❷ ①17 ②15

アドバイス ❷数が大きくなるときは、数直線（数の線）を右に進み、数が小さくなるときは、左に進むことを理解させましょう。

32 10より おおきい かず⑧ P.36

❶ ①14 ②15 ③13 ④18
⑤10 ⑥11 ⑦13 ⑧11
❷（左から順に）①3 14 ②6 12

アドバイス ❷文章を読み取って式に表せるように練習しましょう。

33 10より おおきい かず⑨ P.37

❶ ①19 ②18 ③17 ④18
⑤10 ⑥11 ⑦13 ⑧11
❷ ①（左から順に）20 23 ②25 ③27

アドバイス ❷まず、10のまとまりがいくつあるかを捉え、次に端数を足し合わせます。

34 10より おおきい かず⑩ P.38

❶ ①15 ②19 ③16 ④18
⑤16 ⑥11 ⑦15 ⑧10
❷ ①（左から順に）30 33 ②37 ③50

アドバイス ❷③10のまとまりを作って数えると、大きな数でも数えやすくなります。

35 かずの けいさん① P.39

❶（左から順に）3 2 1 6

こたえ と アドバイス

❷ ①6 ②9 ③9 ④8

アドバイス ❷ ①3＋2、5＋1と、計算を2回行います。正確に計算しましょう。

36 かずの けいさん② P.40

❶（左から順に）5 2 1 2

❷ ①0 ②3 ③6 ④1

アドバイス ❷① p.39 と同じように、5－3、2－2と2回の計算を行います。順を追って正確に計算しましょう。

37 かずの けいさん③ P.41

❶ ①11 ②19 ③13 ④10 ⑤12 ⑥13

❷（しき）2＋3＋2＝7 （こたえ）7ひき

アドバイス ❷出来事の順序を正確に捉えて式に表します。2＋2＋3などとしないよう、注意しましょう。

38 かずの けいさん④ P.42

❶ ①15 ②13 ③19 ④10 ⑤12 ⑥11

❷（しき）8－1－2＝5 （こたえ）5ひき

アドバイス ❶ ⑥数が大きくなってもあわてずに、前から順番に引いていきます。

39 かずの けいさん⑤ P.43

❶ ①7 ②5 ③9 ④2 ⑤4 ⑥8

❷（しき）9－2＋2＝9 （こたえ）9ひき

アドバイス ❷「たびに でました」は「いなくなること」なので引き算、「やって きました」は「新しく加わること」なので足し算になります。

40 かずの けいさん⑥ P.44

❶ ①6 ②10 ③9 ④1 ⑤1 ⑥0

❷（しき）2＋2＋3＋1＝8 （こたえ）8ひき

アドバイス 4つの数の計算です。1つの式の中で3回計算を行うので、正確に計算できるよう練習しましょう。

さんすう クイズ③ P.45

こたえ ①

アドバイス 同じ大きさである□の数を比べることで、シートの広さが比べられます。（①は 25 こ、②は 24 こ）

41 たしざん① P.46

❶（順に）3 3 3 2 12

❷（順に）1 1 1 2 12

アドバイス ❶あといくつで 10 になるか、すぐに答えられるように練習しましょう。1と9、2と8、3と7、4と6、5と5など 10 になる組み合わせは覚えるようにします。

42 たしざん② P.47

❶（左から順に）①2 15 ②2 13
③1 4 14 ④1 1 11

❷（しき）7＋6＝13 （こたえ）13 まい

アドバイス ❶足される数にあといくつ加えると 10 になるかを考え、足す数を分解します。

43 たしざん③ P.48

❶ ①15 ②11 ③17 ④14 ⑤12 ⑥17

❷（しき）6＋5＝11 （こたえ）11 こ

アドバイス ❶計算しづらい場合は、p.47 のように、足す数を分解する図を書いて考えさせましょう。

44 たしざん④ P.49

❶ ①13 ②16 ③11 ④18 ⑤12 ⑥15

❷（しき）8＋8＝16 （こたえ）16 ぴき

アドバイス ❷「あわせて いくつ」の考え方（同時に存在する2つの数を足し合わせる）の足し算です。

こたえ と アドバイス

45 たしざん⑤ P.50

❶ ①15 ②12 ③11 ④11 ⑤11 ⑥13

❷（しき）7＋9＝16 （こたえ）16こ

アドバイス ❶ 足される数より足す数の方が大きくなっています。このような足し算では、足す数にあといくつ加えると10になるかを考え、足される数の方を分解して計算することもできます。

46 たしざん⑥ P.51

❶ ①14 ②14 ③13 ④12 ⑤14 ⑥11

❷（しき）5＋8＝13 （こたえ）13こ

アドバイス ❷「ふえると　いくつ」の考え方（ある数が増加する）の足し算です。

47 ひきざん① P.52

❶（順に）10　7　1　4

❷（順に）10　4　10　4　6

アドバイス ❶11を10と1に分けた後、10－7と3＋1の計算を行います。引き算と足し算の要素があり、混乱しやすいので注意が必要です。

48 ひきざん② P.53

❶（左から順に）①2　②5　③5　6　④3　7

❷（しき）17－9＝8 （こたえ）8まい

アドバイス ❶引かれる数を10と端数に分解します。10から引く数を引いた後で、端数を足すことを忘れないよう注意させましょう。

49 ひきざん③ P.54

❶（順に）2　2　10　9

❷（順に）4　10　10　9

アドバイス ❶引かれる数12を10と2に分け、引く数3も2と1に分けます。そのうえで、2－2、10－1と順々に引く方法です。

50 ひきざん④ P.55

❶（左から順に）①9　②8　③5　7　④1　9

❷（しき）16－7＝9 （こたえ）9こ

アドバイス ❷「のこりは　いくつ」の考え方（ある数が減少する）の引き算です。

51 ひきざん⑤ P.56

❶ ①8　②8　③3　④9　⑤9　⑥9

❷（しき）12－8＝4

（こたえ）スイカが　4こ　おおい

アドバイス ❷「ちがいは　いくつ」の考え方（二つの数の差）の引き算です。「どちらが　なんこ　おおいですか」と聞かれているため、単に「4こ」と答えるのではなく、「○○が　○こ　おおい」という形で答えさせます。

52 ひきざん⑥ P.57

❶ ①6　②7　③7　④5　⑤7　⑥8

❷（しき）13－7＝6

（こたえ）にゃんこが　6ぴき　おおい

アドバイス ❷p.56と同じように、「ちがいは　いくつ」の考え方（二つの数の差）の引き算です。多い方の数から少ない方の数を引くことに注意して、式を書かせましょう。

さんすう クイズ④ P.58

こたえ

❶
10
6 4
4 2 2

❷
15
7 8
2 5 3

❸
11
6 5
4 2 3

❹
15
9 6
5 4 2

こたえ と アドバイス

❺

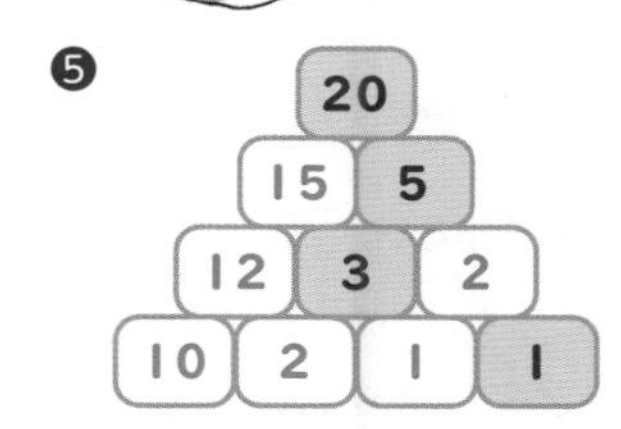

アドバイス　❶❷は、2つの数を足して上へと解き進みます。❸〜❺は、6は4といくつに分けられるか、15は6といくつに分けられるかなどと、上の数字から下の数字を探り当てる必要があります。

53 おおきい　かず① P.59

❶ ①53　②60
❷ ①十の　くらい　3　一の　くらい　8
②十の　くらい　4　一の　くらい　0

アドバイス　❶大きな数を数えるときは、10のまとまりごとに線で囲んでいくとよいでしょう。❷ ②一の位に何もないときは、0を書くことを忘れないよう注意させましょう。

54 おおきい　かず② P.60

❶ ①74　②60
③（順に）4　9　④（順に）9　0
❷ ①（順に）8　6　②（順に）80　80　③6

アドバイス　「一の位」「十の位」という言葉の意味を知り、数の構成についての感覚を養います。2けたの数は、10のまとまりがいくつかと端数でできていることを理解させます。

55 おおきい　かず③ P.61

❶ ①54に○　②81に○　③70に○　④61に○
❷ ①63　②67　③70　④62

アドバイス　❶分かりにくい場合は、十の位の数に注目して、比べさせましょう。

56 おおきい　かず④ P.62

❶ ①1　②102
❷ ①（順に）97　99　100
②（順に）107　108　110
③（順に）116　119　120

アドバイス　❷120程度までの100を超える数を数えられるよう練習しましょう。100より大きい数も、下2けたは1から99までを数えたときと同じように変化していることを理解させます。数を書き込むだけでなく、声に出して数えていくとよいでしょう。

57 おおきい　かず⑤ P.63

❶ ①24　②40
❷ ①36　②52　③61　④78　⑤97
⑥20　⑦30　⑧50　⑨70　⑩90

アドバイス　❷2けたと1けたの足し算、引き算です。何十に端数を足す、何十何から端数を引いて何十にするという取り組みやすい計算なので、確実にできるようにしましょう。

58 おおきい　かず⑥ P.64

❶ ①37　②21
❷ ①46　②65　③77　④88　⑤93
⑥33　⑦51　⑧65　⑨74　⑩83

アドバイス　❷p.63と同じように、2けたと1けたの足し算、引き算ですが、端数どうしの計算が少し複雑になっています。❶の絵のように、10の束はいくつあるか、端数どうしはどんな計算になるかをイメージさせます。

59 おおきい　かず⑦ P.65

❶ ①60　②30
❷ ①70　②70　③80　④100　⑤100
⑥40　⑦40　⑧70　⑨70　⑩10

こたえ と アドバイス

アドバイス　❷2けたどうしの足し算、引き算（100から2けたを引くものも含む）です。10の束を単位として考え、①なら1＋6、⑥なら5－1を基にして計算できることに気づかせます。⑨、⑩が分かりにくい場合は、100は10の束が10こあると気づかせます。

60 おおきい かず⑧ P.66

❶ ①57 ②70 ③50 ④42 ⑤91 ⑥80
❷（しき）70 － 20 ＝ 50 （こたえ）50 こ
アドバイス　❶p.63 ～ p.65までで触れた計算を出題しています。どのタイプもできるように練習しましょう。

61 しきと けいさん① P.67

❶（しき）4＋5＝9 （こたえ）9ひき
❷（しき）6+7=13または7＋6＝13 （こたえ）13ひき
アドバイス　❷しろねこが後ろから「6番目にいる」ということは、後ろからしろねこがいるところまでに「6ぴきいる」ということになります。このように、順序数を含む場面でも、数量の関係を捉え直すことで、足し算や引き算を使って考えられるようになります。

62 しきと けいさん② P.68

❶（しき）10 － 4＝6 （こたえ）6ぴき
❷（しき）8－3＝5 （こたえ）5ひき
アドバイス　❷全体で8ひきいること、後ろからとらねこまで3びきいることが分かっています。

63 しきと けいさん③ P.69

❶（しき）5＋4＝9 （こたえ）9こ
❷（しき）8＋4 ＝ 12 （こたえ）12だい
アドバイス　❷「8ぴきのにゃんこが自転車に乗っている」ことを「8台の自転車がある」と捉え直して考えます。

64 しきと けいさん④ P.70

❶（しき）6－4＝2 （こたえ）2ひき
❷（しき）12 －5＝7 （こたえ）7ひき
アドバイス　❷12ひきのにゃんこのうち5ひきがブランコに乗った、残りのにゃんこは乗れない（12 － 5）と考えます。

65 しきと けいさん⑤ P.71

❶（しき）5＋3＝8 （こたえ）8ほん
❷（しき）15 －6＝9 （こたえ）9こ
アドバイス　❷弟のじゃがいもの数を、お兄ちゃんのじゃがいもの数から考えます。お兄ちゃんのじゃがいもの数15こより6こ少ない数（15 －6）です。

66 しきと けいさん⑥ P.72

❶（しき）2＋1＋4＝7
（2＋4＋1＝7　1＋2＋4＝7）
（こたえ）7ひき
❷（しき）7＋1＋7＝ 15
（7＋7＋1 ＝ 15　1＋7＋7＝ 15）
（こたえ）15ひき
アドバイス　❷p.67やp.68とは異なり、くろねこの前の7ひき、後ろの7ひきとは別に、くろねこ自身の数1を足す必要があります。